环境艺术/园林景观专业系列教材

景观设计手绘教学与实践

Drawing Course for Landscape Design

夏克梁　徐卓恒　编著

东华大学出版社·上海·

图书在版编目（CIP）数据

景观设计手绘教学与实践/夏克梁，徐卓恒编著.—上海：东华大学出版社，2015.3
    ISBN 978-7-5669-0707-3

Ⅰ.①景…Ⅱ.①夏… ②徐… Ⅲ.①景观设计-绘画技法-教学研究-高等职业教育 Ⅳ.①TU986.2

中国版本图书馆CIP数据核字（2015）第009869号

投稿邮箱：xiewei522@126.com

责任编辑：谢　未
装帧设计：王　丽

景观设计手绘教学与实践
Jingguan Sheji Shouhui Jiaoxue yu Shijian

编　　著：夏克梁 徐卓恒
出　　版：东华大学出版社
（上海市延安西路1882号　邮政编码：200051）
出版社网址：http://www.dhupress.net
天猫旗舰店：http://dhdx.tmall.com
营销中心：021-62193056　62373056　62379558
印　　刷：上海利丰雅高印刷有限公司
开　　本：889 mm×1194 mm　1/16
印　　张：10.25
字　　数：361千字
版　　次：2015年3月第1版
印　　次：2015年3月第1次印刷
书　　号：ISBN 978-7-5669-0707-3/TS·021
定　　价：59.00元

目 录

前言

十多年前，国内的景观设计行业尚处于起步阶段。当时的景观表现电脑效果图大多做得刻板生硬，缺乏真实性和美观性，技术还远达不到今天的水平。于是，手绘表现凭借易用性和可控性，成为了许多设计师表达设计成果的基本技能。时至今日，电脑表现技术日臻完善，效果可以做到非常逼真，却仍有许多景观设计机构和设计师对手绘表现青睐有加，仍然坚持以手绘图作为设计概念的呈现方式，将其运用在方案设计、文本制作及各种场合的沟通交流之中。与其说他们因循守旧，排斥技术的进步，不如说手绘已经成为他们心中一份割舍不断的情结。他们更愿意选择这样一种直接流露式的思考方式和表达形态，让抽象的概念得到快速而简明的展现。在他们眼中，电脑技术再进步，其原创力、鲜活性及与思维的契合度仍然比不上手绘。而正是由于这几点，手绘与景观设计之间才具备了更为平等的关系，而非仅仅作为单一的表现工具而存在。

有些人认为学好手绘是做好设计的基本前提，这一观点有其道理所在。尽管能画好手绘不等于能做好设计，因为设计是一项综合性的工作，所要解决的问题繁杂而众多，手绘只是其中用于思维表达的一种形式，但笔者还是提倡在设计之余练好手绘。因为手绘的过程潜移默化地扩展了设计者的视野，培养了他们的审美趣味。这两点恰恰是促使设计水平不断提升的原动力。

在某景观设计公司的《效果图表现集》中，有句话这样写道："效果图里就有设计思想，就有设计观念，就有设计师的立场和出发点……"这一点编者也颇为认同。学习手绘如果只关注技法，只在乎画得帅气与否，那它之于设计的意义何在。手绘效果图在功能和目的上应有明确的指向，学习手绘就是要学会利用表现规律和技巧，解决设计思维的表达问题，要让观者从图中读懂设计师渴望传达的各种信息，从而建立对设计的认同和理解。

以就业为导向的人才培养体制，使得手绘课程在全国各院校景观专业的教学体系中日益突显重要性和必要性。编者所在的中国美术学院艺术设计职业技术学院在景观专业教学中一直重视学生手绘表达能力的培养，以第一学期的"建筑钢笔画"、第三学期的"景观手绘表现基础"和第四学期的"景观手绘表现技法"共同组成系统化的训练模式，有意识地加强课时量并细化教学单元的内容。课程不只强调技能的学习，更强调实践应用，通过大量的练习使学生能将设计思想和表现技法有机地结合，达到学以致用的目的。

也是基于这一理念，编者从应用的角度出发，对这一课题做了多年的研究，将近年来对高职教育中景观设计专业手绘表现和实践应用间如何衔接这一问题的教学思考做一次梳理总结，也作为教育部职业院校艺术设计类专业教学指导委员会立项的"基于应用的景观手绘表现原理和教学模块研究"的科研成果。本书如果能为兄弟院校在手绘教学方面提供一定的参考价值以及为手绘爱好者、广大从业人员学习手绘表现提供一些参考性建议，将是编者最大的欣慰。

书中所选用的示范作品部分来自于一线设计师的作品，意在了解手绘发展的最前沿动态，案列部分作品选自中国美术学院艺术设计职业技术学院景观专业在校生的课堂作业，基本能反映出该课程的教学水平，书中还特地选用了部分历届学生的优秀作品，想借此检验课堂所学的知识和技能在工作中的发挥和运用情况。在此特别感谢耿庆雷、李红伟、曾海鹰、李明同、刘宇、刀晓峰、李磊、王宇翔、盖城宇、赵杰、徐伟等手绘界的好友无私地为本书提供精彩的力作和帮助，也感谢杨杰、吴统、姚奇特、应波涛、田苗、项微娜等历届毕业生对编者的极力配合，同时也要感谢那些绘出优秀作品的中国美术学院艺术设计职业技术学院环艺系的在校学生。

编者
2015年1月

夏克梁

中国美术学院艺术设计职业技术学院副教授

中国美术家协会会员

中国建筑学会室内设计师分会理事

曾出版《建筑钢笔画——夏克梁建筑写生体验》《夏克梁钢笔建筑写生与解析》《夏克梁麦克笔建筑表现与探析》《夏克梁建筑风景钢笔速写》《夏克梁手绘景观元素》，以及夏克梁边走边画系列丛书之《神秘尼泊尔》《魅影柬埔寨》《玄妙印度》等相关书籍多本。

徐卓恒

1982年生于杭州，毕业于中国美术学院环境艺术系，获文学硕士学位。现为中国美术学院艺术设计职业技术学院环境艺术系讲师，中国建筑学会室内设计师分会会员。著有《景观设计——环境小品》（合著）、《建筑风景写生》（合著）、《室内设计手绘教学与实践》（合著），在国内各级专业期刊上发表学术论文10余篇。

第一章 景观手绘表现图的基础理论

一、课程概述

"景观手绘表现"课程是环境艺术系景观设计专业的核心技能课程。它是表现景观设计意图与成果的基础，是该专业学生的必修课程之一。

（一）基本概念

景观手绘效果图是服务于景观设计的专业绘画形式。它以各类景观场景为表现题材，通过绘画的方式将设计构思展现出来（图1.1）。在绘制的过程中，设计师通过场景角度、表现内容的合理安排与表现手法、风格的灵活应用，以达到准确表达设计意图、展示设计效果的目的（图1.2）。

图1.1 景观手绘效果图，以各类景观场景为表现题材（作者：耿庆雷）

图1.2 景观手绘效果图（作者：耿庆雷）

图1.3 手绘表现是学习景观设计需要掌握的核心技能（学生作品，作者：王宁丽）

图1.4 景观设计专业二年级学生作业训练（学生作品，作者：高明飞）

（二）课程基本信息

"景观设计手绘表现"作为专业基础课，要求学生必须熟练掌握，设计手绘表达能力也属于学生必须掌握的一项专业核心技能（图1.3）。该课程的开课对象为景观设计专业二年级的学生（图1.4）。课程按照上、下学期分两个教学单元实施。

（三）课程体系

该课程的前期安排有相应的基础课程，如造型基础（素描、色彩）、钢笔画、透视、制图等课程（图1.5～图1.7）。后期则有相关的设计课程，如庭院设计、小区环境设计、广场设计等课程（图1.8）。基础课程用以解决本课程中所涉及的形体塑造、空间表现、透视和尺度把握、色彩运用等问题，而学习本课程的主要目的则是为了在后续专业设计课程中自如地表达设计构想。

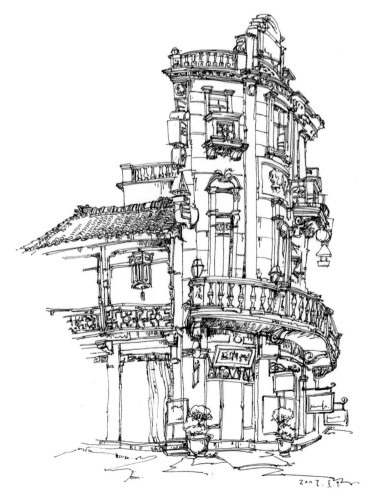

图1.5 景观手绘表现图基础——钢笔画（学生作品，作者：刘成龙）

图1.6 景观手绘表现图基础——
素描（学生作品，作者：上图－
李翔翔，下图－王振宇）

图1.7 景观手绘表现图基础——钢笔画（学生作品，作者：凌炳斌）

图1.8 景观设计专业课——庭院设计（学生作品，作者：袁佳宁）

二、手绘表现图的作用

通过"景观手绘表现"课程的学习：首先，让学生了解手绘快速表现在设计课程中的作用及重要性，使学生对课程学习引起足够的重视；其次，让学生熟悉各种不同表现手法的特点与步骤，提高鉴赏能力和空间想象力，加强画面处理能力（图1.9）；再次，培养学生使用以马克笔为主要工具进行设计表达的能力，熟练掌握基本表现技法与画面处理手法，能够客观而艺术地表现景观设计作品（图1.10）；最后，使学生提高艺术修养及综合素质，为设计意识的提高起到推动作用。

图1.9 提高鉴赏能力和空间想象力，加强画面处理能力（作者：耿庆雷）

图1.10 客观而艺术地表现景观设计作品（作者：耿庆雷）

（一）培养设计表达能力

1.表达设计构思

景观设计的构思若只是存在于设计师的思维系统之中，那么人们将无法明确地感受到他所要传达的设计意图，也无法与设计师进行有效的交流或是对设计作品的优劣作出评判。景观设计手绘表现图就是设计师表达创意和思路的一种图形化语言、直观性载体（图1.11）。它将原本抽象的设计概念用具体的、可观的形式表达在纸面上，从而让每位观者从视觉的层面上对作者的设计意图、表现手段、设计风格、空间气氛等进行解读，让观者较为清晰地了解设计师之所想及现时所传达的空间效果（图1.12）。借助景观设计手绘表现图，设计师建立起与观者分享的平台，使他们参与到创作成果的解读和评议之中（图1.13）。

图1.11 手绘表现图就是表达创意和思路的一种图形化语言（作者：刁晓峰）

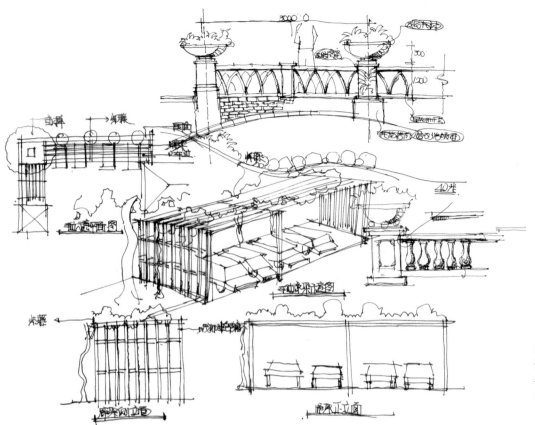

图1.12 手绘表现图能让设计师与
他人建立起分享平台，并让他人
参与到创作成果的解读和评议之
中（作者：应波涛）

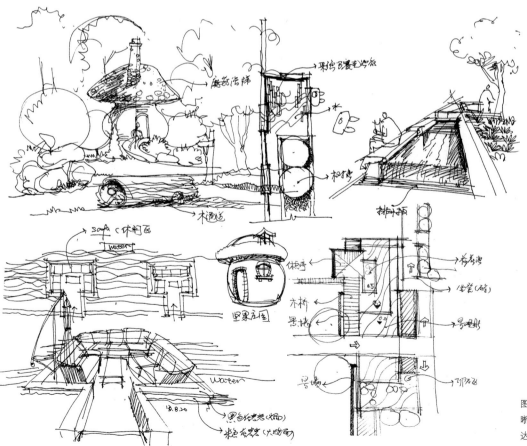

图1.13 手绘表现图让观者较为清
晰地了解设计师之所想及现时所传
达的空间效果（作者：姚奇特）

图1.14 方案的每一次深化和完善需要以阶段性的手绘表现图为依据（作者：吴统）

2.推敲设计方案

设计是一个反复修改和不断调整的动态过程，而方案的每一次深化和完善都需要以阶段性的表现图作为依据（图1.14）。因此这一类景观设计手绘表现图带有工作草图的性质，是设计师阶段性思考成果的展示，有助于其对存在的问题作出判断或评价，为下一步的方案改进提供准确的参考依据（图1.15）。

图1.15 手绘草图能为下一步的方案改进提供准确的参考依据（作者：刁晓峰）

3.表现真实效果

景观设计手绘表现图最主要的用途是对设计成果进行展示。在电脑表现尚未普及之前，设计师主要依靠高度写实的手绘表现技法，通过对空间场景、个体元素、材料色彩和光影布局的准确描绘，将景观工程竣工后的效果提前展现在观者面前（图1.16）。这样，在方案实施之前，人们就可以直观地判断设计效果的优劣，以此来决定方案是否实施。这种效果最大化地接近实际，从而让人们感受到真实的环境气氛，因此也成为设计评价的重要依据，对观者具有较高的参考价值（图1.17）。

手绘效果图

图1.16 手绘表现图能客观真实地将景观工程竣工后的效果提前展现在观者面前（作者：夏克梁）

手绘效果图

图1.17 写实手法的手绘表现图能成为设计评价的重要依据，具有较高的参考价值（作者：夏克梁）

（二）锻炼现场记录的能力

对景观设计师来说，不断地积累和更新设计素材是其在从业过程中需长期坚持的工作方式。缺少丰富的设计资料和不注重获取最新资料的设计师，就如同难为无米之炊的巧妇，即使天资再高也会有思路枯竭的时候。设计师在外出考察和查阅大量设计资料的时候，手绘是一种很好的记录方式（图1.18）。

图1.18　手绘是设计师外出考察、翻阅资料时的一种很好的记录方式（作者：王若琛）

　　手绘图类似于设计师的工作笔记，更准确地说是一种图形笔记，有时只是简单的几页纸，有时只是寥寥的几组线，却能方便设计师随时查看，随时选用。它像一本字典，需要时可以在里面寻找到合适的答案。随着设计师积累渐丰，这本字典也逐渐变得饱满。而那些被设计师亲手描绘过的素材，也更容易映入他们的脑海之中，成为记忆最为深刻的材料（图1.19）。

图1.19　随手描绘过的素材将成为设计师脑海中最为深刻的素材（作者：刁晓峰）

（三）提高艺术素养及综合能力

景观设计手绘表现不仅仅是满足效果图客观地再现设计构想、准确地传达设计意图的要求，作为一种专项的绘画形式，它也需融入艺术化的处理，借助艺术表现的手法增加画面的美观性、视觉感染力，提升设计的艺术魅力（图1.20）。从这一层面看，手绘表现技能训练可看作是设计师锻炼和提高艺术素养的过程。每一位在设计上有所追求的设计师都会努力寻求艺术层面的不断突破，手绘的表达和训练便成为他们实现这一目标的有效途径。艺术素养的提高潜移默化中带动了设计师多方面能力的提升，如设计判断力、控制力、全局观、应变能力等，进而促使其综合能力的全面强化，能游刃有余地应对设计中出现的各种问题（图1.21）。

图1.20 手绘表现图是一种专项的绘画形式，它需借助艺术表现的手法增加画面的美观性、视觉感染力，提升设计的艺术魅力（作者：杨杰）

图1.21 手绘表现技能训练是设计师锻炼和提高艺术素养的渠道（作者：李磊）

三、景观手绘表现图的常见风格

景观手绘表现图根据画面处理手法和表现形式的不同，主要可分为写实型风格、草图型风格（快速表现）以及装饰型风格。

（一）写实型

写实型风格讲究手绘表现的科学性和严谨性，画面严格按照设计的实际效果加以描绘，尤其在细部的刻画上能做到一丝不苟、详尽细致，使画面变得真实（图1.22）。它能够有效地辅助设计师将所要表达的内容准确而丰富的表现出来，对观者而言也能做到直观而易于理解。这种类型的作品主要用于设计成果的最终表现，常适用于实际工作中各类设计竞标等（图1.23）。

图1.22 写实表现手法在刻画上需要做到一丝不苟，详尽细致，使画面变得真实（作者：耿庆雷）

图1.23 写实手法类的手绘图主要用于设计成果的最终表现，常适用于实际工作中各类设计竞标等（作者：耿庆雷）

（二）草图型

草图型（快速表现）讲究画面表现的快捷性和概括性，它重点对画面中的主体元素、主要转折面和重要的明暗交界线等关键部分进行塑造，对其余部分做次要化处理（图1.24）。这样不仅缩短了表现时间，也使画面的主次分明、重点突出，并增添了生动感和灵活性。它在满足场景气氛渲染的同时兼顾空间感的营造，适用于设计构思、方案推敲、与业主或相关设计人员进行沟通交流等（图1.25）。

（三）装饰型

装饰型是相对于写实型而言的，这类作品主要用于画面中某些人物、植物等的表现，其表现方法具有规律性，易于掌握，适合基础相对较差的学生学习。装饰风格讲究画面形态的装饰性和趣味性，以装饰画的表现技法，通过空间透视、色彩组织、形态转换等方面的适度处理，带给人以新颖而别致的视觉效果。它适用于某些个性化空间或个性化设计的效果表现（图1.26）。

图1.24 草图型手绘图讲究画面表现的快捷性和概括性，重点对主体进行刻画，对其余部分做次要化处理（作者：刁晓峰）

图1.25 草图型手绘图适用于设计构思、方案推敲、与业主或相关设计人员进行沟通交流等（作者：刀晓峰）

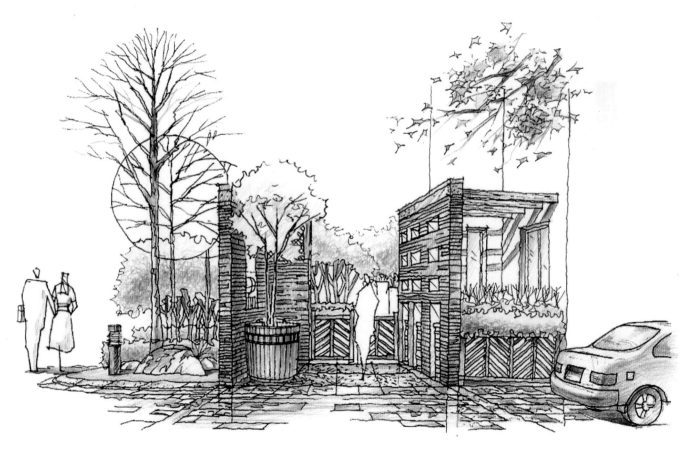

图1.26 装饰型风格手绘图讲究画面形态的装饰性和趣味性，常给人以新颖而别致的视觉效果（作者：李红伟）

四、景观手绘表现图的基本特点

景观设计手绘表现图不同于一般以表现性为主的纯绘画作品，因此，除了一般画面所包含的艺术性之外，还具有专业性、客观真实性等特点。

（一）专业性

景观手绘表现图是景观设计师用来表达景观设计意图和效果的应用性绘画，它不同于普通的纯艺术类绘画作品，是集绘画艺术与工程技术于一体的实用性绘画，专门应用于景观设计这一领域，具有很强的专业性（图1.27）。它要求设计师经过长期而专业化的表现技法训练，掌握景观设计手绘表现图的表现技法及要领，包括场景角度的选择、比例的控制、材料色彩的表现、空间气氛的营造和色调的把握等。只有掌握了一系列的手绘表现规律，才能绘制类别和风格多样的表现图。由于景观设计手绘表现图表现题材多为景观场景，其中涉及到很多有关空间场景中的材料和构造工艺等问题。绘图者只有在充分关注这些专业性问题的基础上，掌握大量的设计素材，了解一定的施工工艺，才能做到图面的准确表达。因此，在表现内容上，它也体现出专业性的要求（图1.28）。

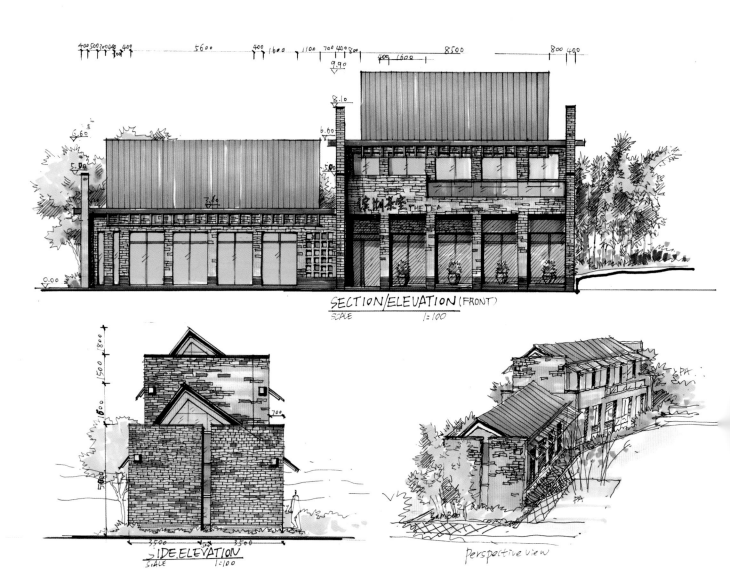

图1.27 景观手绘表现图是集绘画艺术与工程技术于一体的实用性绘画（作者：吴统）

图1.28 景观手绘图涉及到很多有关空间场景中的材料和构造工艺等问题（作者：盖城宇）

（二）客观真实性

客观真实性作为手绘表现图最主要的特点，它不仅要求图中所呈现的内容与设计图纸必须做到一一对应，具体包括景观建筑（构筑物）的大小比例、材料的种类色彩、树木和花草的配置等。同时，也要求图面上表现的场景尺度大小、空间进深也必须与平面、剖面图中所标明的尺寸相符合，以达到真实、准确、完整、客观地表现空间场景的目的（图1.29）。原则上画面中不允许出现任何主观的扭曲、夸张等过度失真的现象，以便观者从中感受到较为准确、真实的设计效果。因此，它要求作者在画面表现中保持严谨性，体现图面的客观真实性（图1.30）。

图1.29 景观手绘图所表现的内容必须与平面、剖面图中所标明的尺寸相符合（作者：耿庆雷）

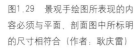

25

图1.30 景观手绘图的画面不允许出现任何主观扭曲、夸张等过度失真的现象（作者：耿庆雷）

图1.31 景观手绘图具有相对独立的审美特征，不但追求功能的表述，也需满足视觉效果（作者：孙嘉伟）

（三）艺术性

景观表现图具有相对独立的审美特征，不但追求功能的表述，也需满足视觉效果。它建立在专业性和真实性的基础之上，通过艺术化的处理手法，合理地借助夸张、概括与取舍等，达到实用与美观的有机统一（图1.31）。

随着行业的快速发展、景观审美意识的全面普及与公众艺术品鉴能力的逐步提高，当下的景观设计手绘表现图除了要求真实地、准确地反映空间场景的客观面貌以外，它还多方面地借鉴艺术的表现方式，与艺术的手段相融合，从而发展成为一门专业性很强的绘画艺术，使其在实用之外还具备极强的艺术性和观赏性（图1.32）。在景观设计手绘表现图中适当加以艺术性表现，如模仿某一类画派、画风或是画种；现代的电脑辅助技术与传统技法的综合运用等，这样不但可以令原本枯燥无味的画面呈现出生机与活力，带给观者耳目一新的视觉感受，让观赏成为一种享受艺术美的方式，也会使设计显现出艺术的创造性和生动感，体现出设计师对艺术设计的追求，让艺术为景观设计赋予美妙的色彩（图1.33）。

图1.32 景观手绘图在实用之外还具备极强的艺术性和观赏性（作者：赵杰）

图1.33 景观手绘图能让观赏成为一种享受艺术美的方式，也会使设计显现出艺术的创造性和生动感（作者：赵杰）

（四）快速性

　　作为一种便捷实用的表现类型，景观手绘图最大的优势在于其表现的快速高效。一位具有熟练表现技术的景观设计师可在较短的时间内以极为精炼概括的笔触、色彩将设计效果呈现在纸面上，为数不多但严谨到位的线条色块依然能较为直观准确地传达出设计构想与效果，而其表现效率之高却是电脑表现无法比拟的（图1.34）。除了在表现速度上体现出快速性的特点，工具材料（纸张、钢笔、马克笔、彩色铅笔等）的便携性也使景观手绘可适用于多种场合的即时表现。只要条件允许，作者无需固定地在办公桌前完成一张景观效果图的手绘表现，即使在车行途中或是与业主交流设计想法的过程中都可随时作图。这种随时随地表现的特点也从另一个层面体现出手绘作为快速表现手段的优势（图1.35）。

图1.34 景观手绘图最大的优势在于其表现的快速高效（作者：尚龙勇）

图1.35 随时随地表现的特点是手绘表现的优势（作者：尚龙勇）

五、绘制景观手绘表现图的主要工具

在绘制景观表现图的过程中，我们面对的首要问题就是工具的选择，它对于绘制手绘图极为重要。目前常用的工具种类主要为钢笔、马克笔、彩色铅笔和水彩。在选择工具的时候，大家可以根据自己的爱好和对工具的掌握情况加以选择。不管是何种工具，使用前都需了解其性能和特点。每件工具都有它的长处，也存在局限和不足。为达到最佳的效果，绘制时可混合使用多种工具，使表现的画面更具艺术感染力，最大程度地贴近作者心中的完美效果（图1.36）。

图1.36 绘制手绘图时，可以根据自己的爱好和对工具的掌握情况选择工具（作者：徐伟）

（一）马克笔

马克笔取自"Marker"的音译，也称麦克笔，它是目前设计表现中最常见的绘图工具。每一个品牌的马克笔色彩种类一般为60种或120种，有的甚至更多。一套完整的马克笔有彩色系和灰色系之分，可适用于不同的表现对象。马克笔最大的特点是色彩剔透、着色简便、笔触清晰、风格豪放、成图迅速、表现力强且便于携带，其色彩在干湿状态不同时不会发生过多的变化，着笔后就可以大致预知笔触凝固于纸面后的效果，使设计师较容易把握画面各阶段的效果，作图时能做到心里有数，大大提高了工作效率。在使用马克笔时可灵活转换角度和倾斜度，既能画较为精细的线，也能用排线的方法绘制面积较大的色块。从这一点看，马克笔兼有水彩笔和针管笔的功能，是一种较为综合的表现工具（图1.37）。

图1.37 马克笔

图1.38 酒精马克笔的笔触

马克笔根据笔芯中颜料特性的不同，可将其分为油性、酒精和水性三种类型。在三种类型的马克笔中，酒精马克笔最为常见，使用者最多（图1.38）。油性马克笔、酒精马克笔、水性马克笔三者相比较，共同点主要表现在色彩艳丽、剔透、易干，但色彩的重叠次数过多均容易变脏，且着色后不宜修改，因此作画时要注意遵循先亮后暗、由浅至深的原则，着色时速度要快，颜色要准，笔触要自然流畅。三者的不同点主要在于：油性麦克笔的笔触较易融合，色彩的渗透力强，但重色不易深入，因此能展现出清新、洒脱、豪放的画面效果；酒精马克笔的特点与油性马克笔较为接近，笔触易涂得均匀却不易深入，融合度和色彩渗透力均略弱于油性马克笔；水性马克笔的笔触清晰，可以做深入的刻画，但笔触之间衔接、重叠处容易产生明显的笔痕，色彩叠加混合时也会因水分沉积而显得浑浊，色彩的渗透力较弱。因此，油性、酒精马克笔更多地用于绘制快速、短周期的设计表现图，不适用于做深入的刻画，画面可以表现得更加明快、时尚（图1.39）。

图1.39 用马克笔绘制的手绘图（作者：田苗）

（二）彩色铅笔

彩色铅笔（简称彩铅）即带有颜色的铅笔，其形状及使用方法均与普通绘图铅笔相同（图1.40）。彩铅的颜色种类较多，一套可达到120种，并且可通过用笔力度的不同和颜色的相互叠加产生更加丰富多变的色彩。彩色铅笔以水溶性居多，用清水涂抹时，可以柔化笔触、淡化色彩（图1.41）。由于它较易掌握，因此也成为景观设计表现图中常见的工具（图1.42）。

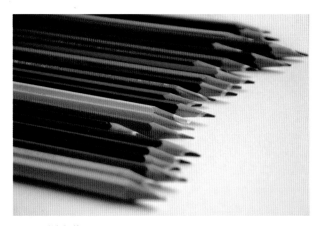

图1.40 彩色铅笔

图1.41 水溶性彩色铅笔的笔触

图1.42 彩铅是景观手绘图中常用的表现工具（作者：李红伟）

彩色铅笔也是马克笔最好的辅助工具之一。它不仅能弥补马克笔因数量的不足而无法对某些色彩进行描绘的缺憾，而且能够弥补马克笔在色彩和明暗的退晕处理上的薄弱环节，并解决较大面积的着色问题。例如，马克笔在涂绘面积较大的天空、水面、地面及墙面时，即使是绘图经验较丰富的设计师，也常常会陷入困境。彩铅的运用提高了表现过程的可控性，即使效果不甚理想也可进行修改，从而能较好地解决这一难题（图1.43）。

图1.43 彩铅是手绘图中表现天空的最好辅助工具（作者：耿庆雷）

六、画面构成要素

（一）笔触与色彩

景观设计手绘表现图中最富有艺术表现力的是笔触，它最能流露作画者的情感思想，同时也最能体现其绘图技巧（图1.44）。它以不同的组合方式构成了画面的"肌理"，使之产生灵活的变化。笔触运用得合理，画面的塑造便会变得轻松而有章法，较易表现出空间感和体积感。笔触运用得混乱，画面也会变得杂乱无章。胡乱的涂抹不但会破坏形体空间的塑造，也会让作画者花费了很多时间却只得到事倍功半的效果。景观设计手绘表现图中绝大多数的表现方式对笔触的排列有着严格的要求，因此在塑造画面时，用笔的方向、宽窄、疏密、收放等都应非常讲究，需在一定规则的指导下合理运用，以使其对画面的最终视觉效果起到积极而重要的影响（图1.45）。

图1.44 景观手绘图中最富有艺术表现力的是笔触（局部，作者：夏克梁）

图1.45 景观手绘图对笔触的排列有着严格的要求，在塑造时，用笔的方向、宽窄、疏密、收放等都应非常讲究（作者：耿庆雷）

景观设计手绘表现图通过对画面施加色彩来渲染和塑造空间氛围、虚实关系、材料质感等要素。色彩的运用一方面要表现出物体的固有色，让观者清楚地了解各物体自身原本的色彩，并能对空间色彩整体搭配的和谐性和色调的雅致性做出判断；另一方面要表现出光源色对物体的影响，即通过光源色的描绘塑造特定的环境气氛，或热闹，或宁静，或温馨，或神秘。通过色彩的渲染，画面被赋予了力量，所有的场景元素不但变得栩栩如生，充满生命力，而且画面变得真实可感，使其能够激发观者不同的心理感受，更容易被观者所接受并获得情绪上的感染（图1.46）。

画面色彩的组织主要是依靠同类色的搭配及对比色的互补来使画面色调协调统一且富于变化。在"大统一，小对比"的原则下，通过统一的原则来选择画面中的主导色彩，用以描绘画面的主体元素，运用对比的原则在画面的各个局部形成一定的色彩反差，以活跃画面气氛。同时，色彩的明暗渐变和冷暖对比的合理运用也有助于表现空间的纵深感和空间内物体的体积感，让画面呈现出真实感（图1.47）。

景观设计手绘表现图中，色彩的运用方式主要分为两个类别，其一是以色彩关系表现为主要手段的表现方式，在以白描为主的线稿上施加充分的颜色并强调明暗变化，以此表现画面的空间感、体积感和色调。它的上色时间相对较长，但画面显得稳重扎实，写实度较高（图1.48）。其二是在钢笔线描的基础上施以淡彩的表现方式。底稿可以是明暗关系刻画较为充分的钢笔画，也可以是寥寥几笔而极具概括性的钢笔线稿。在此之上用马克笔、彩色铅笔、水彩等绘画工具表现主要物体、主要体块的色彩关系。以该手法表现的画面色彩较淡，塑造不求面面俱到，效果轻松

图1.46 景观手绘图通过色彩的渲染，画面被赋予了力量，变得真实可感（作者：耿庆雷）

图1.47 景观手绘图画面色彩的组织主要是依靠同类色的搭配及对比色的互补来使画面色调协调统一且富于变化（作者：耿庆雷）

图1.48 以色彩关系表现为主要手段的景观手绘图（作者：夏克梁）

明快，画意浓厚。它类似于水彩画小品，色彩以点睛的目的为主，因此上色时间也较短，适用于快速表现（图1.49）。

图1.49 在钢笔线描的基础上施以淡彩的景观手绘图（作者：曾海鹰）

（二）画面中的表现元素

1.植物

植物是景观设计中重要的造景元素。无论是庭院、公园还是城市的其他公共空间，景观效果的呈现都离不开植物的合理选择与有序搭配。缺少了植物的衬托，景观不但少了自然的气息，显得生硬刻板，空间也会变得苍白、单调，缺乏足够的亲和力。因此，作为景观手绘表现图中最常用的元素，表现好植物的效果就显得尤为重要（图1.50）。

植物的绘制也应遵循绘画的基本原理及画面处理的普遍规律，植物单体相比整个画面，虽显简单，但不同类别的植物生长规律、造型特点均不相同，加之其枝叶繁多，树冠密集度较高，即使看来熟悉，想完美地表现它的形态特点及各组团的相互关系也并非易事。只有通过研究与分析其形体结构及生成方式，学会特征的塑造和体感的处理方法，才能更好地发挥植物在景观手绘表现图中的主导作用，并使表现的画面更具有真实性和视觉感染力（图1.51）。

图1.50 植物是景观设计中重要的造景元素 (局部,作者:李明同)

图1.51 植物的绘制应遵循绘画的基本原理及画面处理的普遍规律,使表现的画面更具有真实性和视觉感
染力 (局部,作者:夏克梁)

2.置石

置石也是景观设计中常用的装饰小品。形态多样的景观石既能成为独立的视觉
焦点,也能与植物共同塑造出一个个优美自然的节点 (图1.52) 。各类景观中所用的
置石种类不一,形状和特点也存在较大差别 (图1.53) 。用于传统园林风格造景的太
湖石以"瘦""透""漏""皱"为基本特点,其枯槁的形姿给人以深刻的印象;作
为花镜组团中点缀的景石,数量不多而姿态优美,与周边的绿化相映成趣;作为驳岸
的景石注重整体搭配,形态错落自然,节奏性强;人工造型的石材小品则硬朗粗犷,
造型多变。因此,不同的景观置石做法需要配合相应的画法才显生动贴切。每一类置
石的画法都应该突出其在景观中的特点,使之既能显现自身的个性,也能与配景相映
成趣 (图1.54) 。

图1.52 置石是景观设计中常用的装饰小品（作者：夏克梁）

图1.53 置石在景观设计中的运用（局部，作者：李明同）

图1.54 每一类置石的画法都应该突出其在景观中的特点（局部，作者：李明同）

3.交通工具

交通工具是城市中最为常见的、不可缺少的生活设施，也是景观表现图中较常出现的元素类型（图1.55）。它能够清楚地示意道路关系，使场景尽可能地忠于现实，具备较强的客观性。它也能用于生活气息的展现，使画面氛围生动自然。准确的透视关系和严谨的结构比例是刻画好交通工具的关键，表现时应保证画面中车辆的形态特征基本符合实际生活中所见，不宜过度夸张（图1.56）。

4.人物

人物是景观配景中最为生动的造型元素（图1.57）。在画面中主要起到三方面的作用：一是衬托建筑物的尺度；二是营造画面的鲜活气息，烘托场景气氛；三是不同空间、不同位置的人物安排有助于增强画面空间感。景观设计手绘表现图中的人物一般宜用走、坐、站等姿态展现，个别场景也可选用骑车、奔跑等姿态。人物数量根据场景需要而定，可只安排单一个体，也可以组合搭配或群体展现，表现时可根据画面的风格来决定是进行深入细致的刻画，还是简略概括地勾勒外形，或是以夸张变形的手法加以处理。根据视觉营造的需要，有时甚至可有意将人物做剪影化处理，营造出别样的风格特色（图1.58、图1.59）。

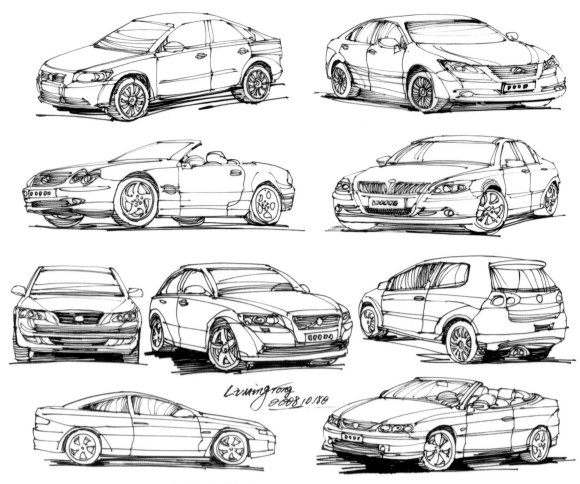

图1.55 交通工具是景观表现图中常出现的元素类型（作者：李明同）

图1.56 交通工具有助于生活气息的展现，使画面氛围生动自然（局部，作者：陈新生）

图1.57 人物是景观手绘图配景中最为生动的造型元素（作者：李明同）

图1.58 景观手绘图中的人物一般宜用走、坐、站等姿态展现（局部，作者：陈新生）

图1.59 景观手绘图中的人物一般宜用走、坐、站等姿态展现（局部，作者：沙沛）

5.公共设施

公共设施为城市环境增添了实用性，是景观表现题材中不可缺少的元素（图1.60）。生活中常见的公共设施主要包括各类构筑物和城市家具。构筑物包含亭、廊、桥等，城市家具则包括座椅、垃圾箱、标示牌等（图1.61）。

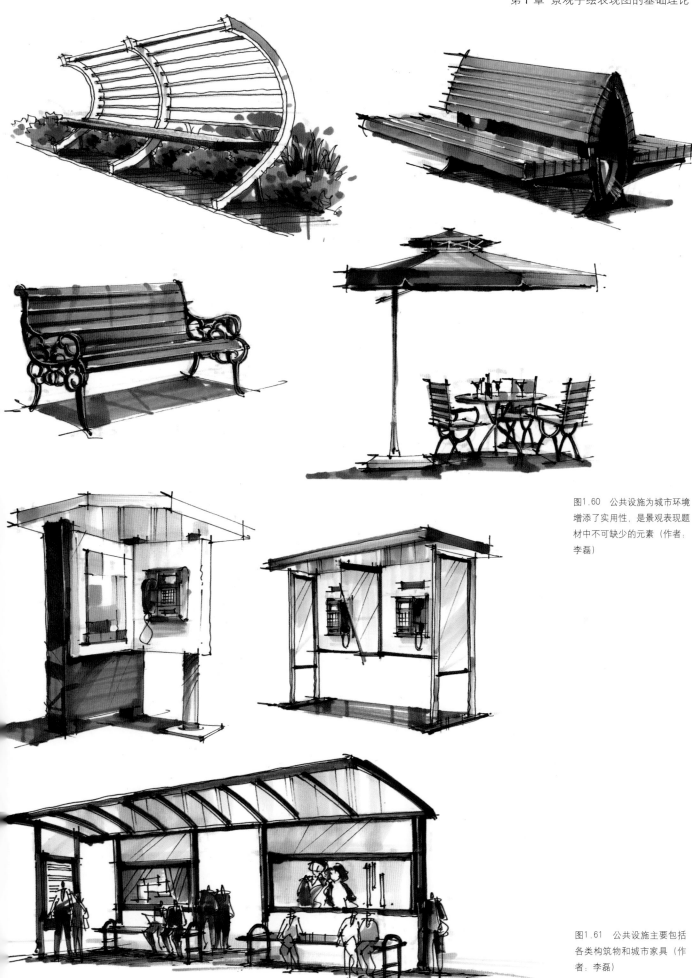

图1.60 公共设施为城市环境增添了实用性，是景观表现题材中不可缺少的元素（作者：李磊）

图1.61 公共设施主要包括各类构筑物和城市家具（作者：李磊）

公共设施在城市中的类型较多，但表现的规律性较强，其表现方法与室内效果图类似，主要在于形体塑造和空间关系的表达。日常作图中，将设施的主要结构关系表现清楚是基本前提，在此基础上可根据画面需要做不同程度的刻画（图1.62）。如果是作为画面的主体物，那么对材质、明暗层次的刻画需要丰富细致，以凸显视觉中心；如果是以配景的形式出现，那么简洁明确的形态关系更能体现主次秩序，达到整体性的要求（图1.63）。

图1.62 将设施的主要结构关系表现清楚是表现公共设施的基本前提（作者：常德元）

图1.63 构筑物简洁明确的形态关系（作者：穆政臣）

6.水景

水景一般可分为动、静两种类型，常见的动态水景包括各类大小、形态不同的溪流、喷泉、瀑布、叠水（图1.64）。静态水景则包括湖面、水池等。作为一种外形多变、质地透明的造景元素，水景的描绘主要依赖于滨水景物的搭配组织，例如以石头和水生植物共同组成的亲水岸线不但可衬托水体的边缘形态，与水相接界面的强调和水中倒影的刻画更可生动地体现水体的特质。在表现水体的中心部分时，留白作为主要技巧，较易呈现其镜面感和通透性（图1.65）。蓝色是画水较为常用的颜色，但在不同时段光感映射下的水色也会因环境色的渲染而在倾向上有所变化，因此需根据画面色调加以灵活处理，以符合画面的整体调性。运用充满跃动感的流线型笔触，可巧妙衬托水流淌时灵动而丰富的形态变化（图1.66）。

图1.64 静、动两种形态的水景并存（局部，作者：沙沛）

图1.65 留白是表现水景的主要技巧（局部，作者：广阔）

图1.66 蓝色是画水景较为常用
的颜色（局部，作者：耿庆雷）

7.地面铺装

在画面中，地面的刻画除了需表现空间的进深外，还需通过铺装形式的描绘表达形式感（图1.67）。不同的铺装材料拥有不同的质地，不同的铺设方式给人以不同的视觉感受，不同的材料还可通过组合形成丰富、美观的装饰纹理，使画面变得精致、耐看（图1.68）。因此绘图时不可忽视地面铺装的表现，应按照透视关系、材料特性和设计要求客观地展示效果，尤其是表达好各类材质的肌理效果。在表现的面积较大时，可适当地通过省略化处理使画面保持一定的节奏感。刻画细节时应防止过碎、过花，结合明暗、色彩关系的塑造使之整体化，并能对画面中其他元素的展现起到恰当的衬托作用（图1.69）。

图1.67 地面铺装（局
部，作者：项微娜）

图1.68 各种不同的地面铺装形式（局部，作者：李磊）

图1.69 不同的材料可通过组合形成丰富、美观的装饰纹理（局部，作者：李磊）

8.天空

天空是手绘表现图中不可缺少的元素（图1.70）。它在画面中所占的比例可大可小，处理手法较为灵活。在天空面积较小时，简单地表现出色彩倾向即可。面积较大时应注意表达出细腻的层次变化，其中主要包括空间的远近变化、明度变化和色彩变化。云彩作为天空表现中生动的元素也可根据需要加以描绘，其形态不宜刻画得过实，应尽可能利用光影和明暗关系使之呈现出轻盈而饱满的视觉效果（图1.71）。

图1.70 天空是手绘表现图中不可缺少的元素（局部，作者：曾海鹰）

图1.71 云彩的形态不宜刻画得过实（局部，作者：孙嘉伟）

第二章　景观手绘表现图的基本原理

一、画面构图

　　构图即将植物等景观元素根据作者的设计意图及普遍审美原则，在画面中进行适当的组织布局，以形成完整协调的画面关系。恰当的构图安排是塑造一幅优秀景观设计手绘表现图的先决条件（图2.1）。它不但能使画面呈现出稳定性与和谐感，通过作者的精心设计还可迸发出超越景物本身的视觉冲击力，从而影响到观者对客观对象的审美和价值判断。构图的基本要求就是使画面产生均衡感，对景观表现图而言即所组织的造景元素应保持较好的协调性，具体则要以各景物在空间中的布局关系为基础，根据设计者的表现意图而采取相应的构图方式，同时还要兼顾画面节奏感的营造。

图2.1 构图安排是塑造一幅优秀景观设计手绘表现图的先决条件（作者：赵杰）

（一）构图基本原则

在开始落笔进行构图时，作图者常需尝试几种不同类型的画面组织形式，通过比较与斟酌从中选出最为理想的一个方案进行实施。一般而言，理想的画面构图首先需做到平衡中有变化，变化中求统一。在满足这一基本构图原则的前提下，还应当根据设计意图或场地空间特点对其中的某些部分加以强化，尽可能突显设计个性，使画面主题鲜明且获得令人惊喜的视觉效果。

"节奏、面积、均衡"是构图中的三项重要法则。运用这三项法则对不同类别的植物及其他景物作针对性的安排，可绘制出空间层次分明、视觉中心（主体）明确、画面稳重且富有变化的景观表现图（图2.2）。

节奏：天际线是构成画面节奏最为显著的因素。它直接影响到我们对构图成败与否的判断。无论画面中的建筑物或植物怎样改变，对天际线的形态始终都应关注。借助天际线的起伏来确定图底关系是初学者较易忽视的构图技巧。画面中，建筑主体与植物配景或主体建筑和配景建筑之间所构成的天际线应如同乐章中的前奏与高潮，具有明确而清晰的节奏变化，层次分明且韵律丰富。反之，"一刀切"式的或是起伏微弱的天际线，会因节奏感的缺失而使画面显得沉冗拖沓单调平淡（图2.3）。

图2.2 "节奏、面积、均衡"是构图中的三项重要法则（作者：盖城宇）

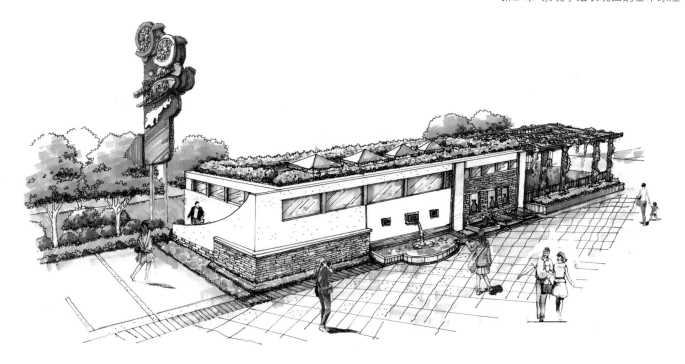

此外，节奏的处理还可以体现在画面空间层次的丰富性上。在画面中设置明确的近、中、远三层进深空间，再从各层关系中进行更为细致的层次划分。它能够使画面从整体到局部都呈现较强的节奏感，使场景变得真实生动。

面积：将场景主体对象以合适的大小设置在画面中，是构图的又一基本法则。所谓大小合适，是指主体在画面中应占有主要的面积比例，并以饱满的体量和明确的视觉关系与周边配景形成明显的面积对比，从而使画面主体突出、主次分明。缺少面积对比的画面易显得松散零碎，缺乏视觉焦点，画面也毫无力度，对观者更难有吸引力。因此，强调主体面积占有率与合理分配其他各景物的面积配比在构图过程中十分重要（图2.4）。

图2.3 构图时，对天际线的形态始终都应关注（作者：田苗）

图2.4 将场景主体对象以合适的大小设置在画面中，是构图的基本法则（作者：耿庆雷）

均衡：画面的沉着和稳定感来源于均衡的视觉关系，对称是这种关系最为常见的表现方式。但均衡不仅限于形式上对称，多是指画面中存在一种力量上平衡、均等的关系。理想的构图中，画面各元素的组合摆放应当协调稳妥，左右区域比例、份量大致相近。这样的形式更吻合适应观者的审美需求，容易表达出普适的美感（图2.5）。

均衡也常包含动态的平衡，如景观图前景中常出现的斜向伸展的树枝，或是从外部走入画面的人物。这些"动态"景物的加入可使构图在稳重中产生生动的变化，画面也更有活力。

图2.5 均衡是画面中存在的一种力量上平衡、均等的关系（作者：尚龙勇）

（二）幅式的选择

在绘制景观设计手绘表现图时，首先应根据所表现的场景内容、空间尺度、环境特点等因素决定其幅面样式。常见的幅面样式有方形式、横向式和竖向式，方形式构图适合表现场景的局部或高度和宽度相近的景观空间，画面显得大气沉稳（图2.6）。横向式构图适合绝大多数景观场景的表现，画面元素呈现安定平稳之感，易获得开阔舒展的视觉感受（图2.7）。竖向式构图适合表现纵深感较强的景观场景，以线性的轨迹引导观者的视线，层层展开场景（图2.8）。

图2.6 方形式构图适合表现场景的局部（作者：杨杰）

图2.7 横向式构图适合绝大多数景观场景的表现（作者：杨杰）

图2.8 竖向式构图适合表现纵深感较强的景观场景（作者：耿庆雷）

二、造型基础的应用

（一）素描

从线稿描绘到细部刻画与空间层次的表达，景观设计手绘表现图始终离不开素描的表现技法。素描是景观设计手绘表现图的造型基础，它着重解决物体形态的塑造和场景空间的表现问题（图2.9）。扎实的素描基本功训练有助于设计师培养起造型意识，解决如何去立体地表现植物形态、空间关系等基本问题。在此基础之上，设计师可以运用素描中的构图原理及画面处理手法有效地美化画面，让画面呈现出形式美感和空间感。因此，素描的基本原理可以用于解决景观设计手绘表现图中形式的表现问题。通过素描的训练，既有助于初学者准确地塑造画面空间感和体积感，也能为观者提供良好的观看角度，以便其对设计的空间效果做出评判（图2.10）。

图2.9 素描着重解决物体形态的塑造和场景空间的表现（作者：徐伟）

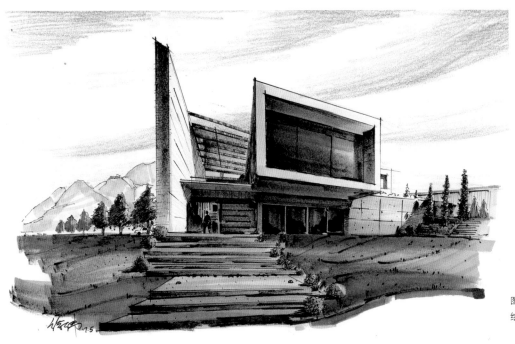

图2.10 在素描基础上施以颜色的景观手绘图（作者：徐伟）

（二）色彩

　　景观设计手绘表现图在着色阶段需运用到色彩的基本原理和表现技法。色彩的合理运用是手绘表现图呈现出真实感的重要原因（图2.11）。缺少素描基础便缺乏了塑造立体空间形态的能力，缺少色彩基础便丧失了让空间充满活力的要素。通过色彩的表现训练，一方面培养设计师的色彩搭配能力，训练的方法包括同类色的组合、对比色的组合等，让设计师能够利用色彩学原理，较为准确地表现出景观场景中物体的固有色、环境色及光源色等，也能有意识地组织好画面的色调，在色彩组合上达到和谐与雅致（图2.12）；另一方面也需要通过色彩表现物体间的空间关系，包括空间中的前后关系、上下关系、主次关系等。这样，色彩不仅增强了场景的真实感，也能更有效地为画面增添气氛（图2.13）。

图2.11 色彩是手绘表现图呈现出真实感的重要原因（作者：徐伟）

图2.12 色彩训练能培养设计师的色彩搭配能力（作者：耿庆雷）

图2.13 色彩能增强场景的真实感，也能更有效地为画面增添气氛（作者：李红伟）

（三）钢笔画

　　景观设计手绘表现图往往是在已完成的钢笔线稿上敷色而成。钢笔线稿的好坏，直接影响景观设计手绘表现图的效果（图2.14）。如果以马克笔作为表现工具，钢笔便可作为良好的辅助工具，以弥补其在物体边缘的控制限定和界面的清晰刻画方面的不足。马克笔具有透明性，上色后不会因色彩的涂抹而覆盖钢笔线条，笔触轮廓依然清晰明朗。因此，在绘制设计表现图之前，必须要先掌握好钢笔的线描画法（图2.15）。

　　钢笔底稿在景观设计手绘表现图中有明确的分工，它应使画面具有严谨的形体结构和准确的透视，而在明暗层次的刻画上无需细致入微、面面俱到，将主要的画面关系表示清楚即可。这样就能为后续的着色和塑造提供足够的空间（图2.16～图2.19）。

图2.14　钢笔线稿直接影响景观手绘表现图的效果（作者：刁晓峰）

图2.15 绘制景观手绘图，必须要先掌握好钢笔的线描画法（作者：王宇翔）

图2.16 钢笔画的画面应严谨（作者：耿庆雷）

图2.17 钢笔画应具有准确的透视（作者：耿庆雷）

图2.18 钢笔画在明暗层次的刻画上无需细致入微、面面俱到（作者：吴统）

图2.19 钢笔画将主要的画面关系表示清楚即可（作者：吴统）

三、画面的艺术处理

在景观设计手绘表现图训练的过程中，一方面需要进行基本技法的学习和练习，另一个重要的方面则是要学会对画面进行主观的艺术处理。艺术处理是指根据美学原理用形象来反映现实但比现实更具典型性的表现方法。通过艺术处理所表现的景观设计手绘表现图，画面形象更加生动，秩序感和层次感更加明确，视觉冲击力也得到大幅提升，画面效果更为精彩夺目且富有感染力。若缺少艺术处理，画面会变得平淡无奇，虽客观真实却呆板乏味，既不能更好地展现设计师的主观构想，也让画面因为灵动性的缺失而显得暗淡无光，毫无吸引力。因此，艺术处理在表现景观手绘作品时成为不可或缺的一道环节（图2.20）。日常习作中，使用最为普遍的艺术处理方法包括：对比强调、概括提炼、空间营造和形式感构建等。

图2.20 艺术处理是绘制景观手绘图时不可缺少的一道环节（作者：李磊）

（一）对比强调

任何一种造型艺术都讲究对比的艺术效果，景观设计手绘图的表现也是如此。对比是使画面产生视觉张力的主要手法之一。具体而言，它有利于增强画面主题的表达，为场景营造出主次、虚实的艺术效果，使画面中的各项关系得以强化。因此，在绘制景观设计手绘表现图的时候，应学会掌握并有目的地运用一些有效的对比手法，用以提升画面效果（图2.21）。

图2.21 对比强调的艺术处理手法 (作者: 王宇翔)

对比手法应根据画面表现的具体要求合理而灵活地运用, 无需刻意追求对比效果而使场景显得别扭, 以致缺失客观性和真实感。一幅景观设计手绘表现图可以只采用一种对比手法, 也可以多种对比手法共存。虚实对比是处理画面主次及空间关系最有效的方法。画面的虚实对比可以通过刻画深入程度的不同获得, 也可以借助光影浓淡、色彩纯度的差异而实现。方法一, 表现空间场景时, 将场景中的前景部分 (或其他某部分) 进行深入刻画, 予以强调, 而将场景中的远景部分进行概括、简化处理, 使场景的前景部分 (或其他某部分) 变 "实", 远景部分变 "虚", 或是主要部分 "实", 次要部分 "虚", 从而突出了主体, 清晰梳理出空间层次 (图2.22)。方法二, 采用明暗对比的手法表现空间场景。如前景部分 (或其他某部分) 的明暗对比 (光影) 强烈, 次要部分的对比柔和, 利用强与弱的视觉反差, 形成虚实对比, 突显出视觉中心 (图2.23)。方法三, 场景的前景部分 (或其他某部分) 的颜色保持较高的纯度, 运用艳丽的色彩形成视觉焦点。次要部分降低颜色纯度, 运用相对朴素和淡雅的色彩与前景形成对比, 生成节奏感, 营造空间远景 (图2.24)。

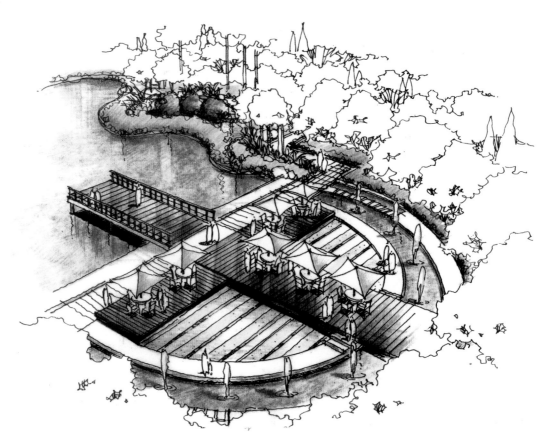

图2.22 虚实对比处理手法（作者：李麟）

图2.23 明暗对比处理手法（作者：李红伟）

图2.24 色彩对比处理手法（学生作品，作者：白苗苗）

（二）提炼概括

"概括提炼"是表现景观场景的又一主要手法，常用于表现形态关系复杂多变的景观元素。例如，在表现场景中的植物时，常常因其叶子繁多、生长茂密而难以具体表现出每片叶子的形状和相互的重叠、穿插关系。这时就需采用高度概括和提炼的表现手法，适当舍去庞杂纷繁的各种细部关系，抓住其主要特征，表现出植物的大体形态、体量和空间关系。这种概括和提炼本身具有很强的艺术性，如描绘桂花树这一类常见植物（叶片形态较为普通，体型大小适中）时，可通过叶子的组合，以概括的手法表现其树冠的体块和形态；榕树和樟树的体型较为高大，叶片茂密，树冠的细节部分较难描绘，此时就需通过概括的手法表现它们的特征；麦冬和椰子树等植物的叶子细长且繁多，容易画得琐碎和平均，更需以归纳概括的手法进行描绘，以使植物保持整体性而不失细节特征。不同的植物运用的概括手法不尽相同，但恰当的使用都能表达出理想的效果（图2.25）。

概括的能力往往体现出一个人的艺术表现能力和修养，概括能力和艺术修养不同，对植物的再现方式与程度也会不同，从而使画面的表现效果呈现差异性。这种能力和修养需要在长期的训练中逐渐形成，一方面是要掌握技术处理要点，另一方面也需在日常生活中多观察、多比较、多体会，然后逐渐形成深刻的理解，并慢慢地摸索出一套既概括又具表现力的画法，最终在表现图的绘制中能够灵活地运用（图2.26）。

图2.25 概括提炼的处理手法（作者：耿庆雷）

图2.26 概括提炼的能力体现出设计者的艺术表现能力和修养（作者：耿庆雷）

（三）空间营造

空间感是赋予画面真实性的一项不可缺失的要素。画面中各个元素在景观总平面图中都有其所在的位置，如何将这些空间位置不同的内容准确地展现在一张画面中，并使之呈现合理的前后关系，这便是空间营造这一处理手法所应承担的主要任务。

一张画面内的空间层级常常十分丰富，表现时从大的进深关系到局部的前后、上下关系都应有所顾及。因此，空间感的营造需针对不同的关系采取相应的处理对策。空间关系区分的关键在于物体重叠部分和边界线关系的合理刻画。通过明暗对比、色相对比、投影关系的刻画或虚实衬托，均可以在边界处形成清晰的空间界定，以达到正确定位物体空间方位的目的（图2.27）。

画面整体空间氛围的营造则有赖于配景的衬托、纵深感的适度夸张及特定的季节、时间与光感的设定。具有强烈纵深感的透视角度可以强调空间氛围，具有宏大场面和进深层次的配景组群可以突出空间氛围，变化的光影、清晨的薄雾、皑皑的白雪都能塑造出特定氛围的空间场域（图2.28）。

图2.27 空间关系区分的关键在于物体重叠部分和边界线关系的合理刻画（作者：李红伟）

图2.28 空间氛围的营造有赖于配景的衬托、纵深感的适度夸张及特定的季节、时间与光感的设定（作者：李红伟）

（四）形式感构建

形式感是手绘表现图中最易被观者感知的要素。形式感强烈的画面很耐看，容易引发人们的好感（图2.29）。这种形式美观性的构建离不开作者对每一个画面元素的精心选择与合理组织。形式感的产生首先要求有形态样式较为一致的元素，这种同一性是视觉协调的基础。但这并不意味画面中只能出现同一种形式的元素，而是应以统一形态的元素组合为主，适当利用部分反差性较强的景观元素作为辅助，制造对比的效果，强化形态的感知性。其次是保持表现风格的统一，它主要体现在单体塑造手法的一致性。同一类型的线条及排列组合方式较易表现出秩序感与融合性，也更易呈现出形式的整体面貌。再者应利用画面元素的组合关系，营建协调的

图2.29 形式感强烈的画面很耐看，容易引发人们的好感（作者：盖城宇）

图2.30 形式感的产生首先要求有形态样式较为一致的元素 (作者: 杨杰)

视觉要素。形态在组合上应以"聚"为主,以"散"为辅,使画面形成较好的视觉凝聚力,克服平均、松散等常见问题 (图2.30) 。

无论以何种手法构建画面的形式感,强调形态的明确性始终应成为重点关注的内容。缺乏清晰的形态,任何画面关系都难以建立。它是形式存在的前提和保障 (图2.31) 。

图2.31 强调形态的明确性始终应成为重点关注的内容 (作者: 王宇翔)

第三章　景观手绘表现图
的课堂实践

　　植物是画面中最难表现的造型元素，学生在学习"景观手绘表现"的课程中，一般多从植物单体着手开始练习，继而发展到植物的组合、景观小品的表现、空间的遐想组合直至设计的表达应用。景观手绘表现图尽管以表述设计意图为主要目的，但经过艺术处理的画面总能展现出更大的魅力。在以优质的画面效果获得业主好感的同时，也可以提高竞标的命中率。因此，作为画面中最基本的元素，植物塑造除了要遵循客观规律外，还要掌握艺术的处理手法，这样才能够在实践运用的过程中客观而艺术地表现景观设计作品（图3.1）。

图3.1 植物是构成景观手绘表现图不可或缺的元素（作者：李磊）

一、植物单体练习

单体植物表现练习是植物表现的基础。相比植物组合，它的数量单一、形态相对简单，因此十分适合作为初学者的练习对象，学习这一重要景观元素的表现技法。作者在表现时应仔细观察每一类植物的生长细节，研究体貌特征，在描摹与再现对象的过程中达到认识的全面提升与表现技法的熟练掌握及合理运用（图3.2）。

不同类别的植物形态各异，要表现出每一类别的个性特征，必须通过长期的观察和写生，获得最基本的感性认识。植物在各类画种中虽然常见，但表现方法不尽相同。景观手绘表现图以表述为主要目的，不像一般绘画那样讲究神韵和意境，也不要求每件作品都带有个性化痕迹。景观手绘图中植物的表现一般运用的是相对写实的表现手法，强调形似胜于神似，多体现出共性特征，具有较强的规律性。因此，若要表现好单体植物，掌握基本的表现规律和塑造方法是必不可少的（图3.3）。

图3.2 景观手绘图中的植物强调形似胜于神似
（作者：夏克梁）

图3.3 表现植物时应仔细观察每一类植物的生长细节和体貌特征，才能够在实践运用的过程中客观而艺术地表现景观设计作品（作者：吴统）

（一）钢笔表现

　　用钢笔表现植物是学习景观手绘表现图的第一步，钢笔能够清晰地表达出植物的形状和特点，同时培养初学者对植物的结构、生长规律、形态特征加以重点观察的意识（图3.4）。在绘制植物的过程中，首先要对植物的生长方式和形态特征进行细致的分析，然后再根据植物的体态构成特点运用相应的手法进行勾画和塑造。树冠为球形的乔木，在处理好整体组团关系的基础上应兼顾内部各个分组团的形体表现，使之从整体到局部都呈现出正确的形体关系（图3.5）。体积感较弱、体态较为松散的植物，则可以线条强调其叶片形体特征和前后空间关系，以符合植物的生长特点，达到客观表现的要求。该阶段练习应尽可能对植物特征做到准确描绘，钢笔线条也应做到肯定、明确，每一笔应尽量到位。线条也可适当进行排列与交织，以便更好地烘托出物体的空间、结构关系（图3.6）。

图3.4 钢笔能够清晰地表达出植物的形状和特点（作者：夏克梁）

图3.5 树冠为球形的乔木，在处理好整体组团关系的基础上应兼顾内部各个分组团的形体表现形状和特点（作者：夏克梁）

图3.6 用钢笔表现植物时，线条应做到肯定、明确，每一笔应尽量到位（学生作品，作者：池晓媚）

（二）单色表现

植物在光的作用下会呈现一定的明暗关系，并通过明暗关系展现清晰的形体与空间。景观手绘表现图一般以色彩展现画面效果，而色彩的绘制必须建立在明暗合理的基础之上。作为塑造物体形体的一种有效方法，明暗画法（或称单色画法）运用了这一客观规律，除去了繁复的色彩关系，采用同一色系（常选用灰色）不同明度的色阶变化来塑造刻画，通过单色来表现植物的素描关系，表达出体量感和空间感，训练作者对植物的塑造能力。因此，单色植物练习也是最基础的上色练习（图3.7）。

单色练习可分三步骤：首先，建立明暗两大关系，对主要的结构转折面进行区分，构建明确、粗略的形体关系；其次，加强明暗层次的区分，在之前的基础上适当对层次加以细化，融入更为丰富细腻的过渡，使之更接近于实际；最后，细节的深入刻画和画面的整体调整，进而达到视觉关系的协调和单体形象的完整展现。在练习中，应始终注意把握正确的明暗关系，树立全局意识，防止局部过度深入而造成画面关系的失衡（图3.8）。

图3.7 用单色表达植物的体量感和空间感（学生作品，作者：池晓媚）

图3.8 用单色表现植物应把握正确的明暗关系，树立全局意识（作者：夏克梁）

图3.9 用色彩来塑造植物的形体及空间（作者：夏克梁）

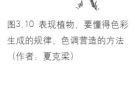

图3.10 表现植物，要懂得色彩
生成的规律、色调营造的方法
（作者：夏克梁）

（三）彩色表现

　　植物多色（或称色彩）练习，是指借助于各种颜色的搭配、组合，运用娴熟的表现技法来塑造植物的形体及空间，以达到画面色彩的丰富多变和色调的和谐统一，给人以视觉美感（图3.9）。多色练习也是植物表现训练的主要方法，除了要懂得明暗变化的规律、掌握物体塑造的方法、熟知工具性能的特点之外，还要具备色彩搭配的基本知识，包括色彩生成的规律、色调营造的方法等（图3.10）。

　　自然界植物的色彩普遍是在固有色、环境色、光源色三者的共同作用下产生的（图3.11）。尽管它们自身固有的颜色比较单一，但通过光源色和环境色的影响，色彩的丰富性大大增加（图3.12、图3.13）。所以在绘制的过程中，应充分考虑这一客观因素的作用，使表现的植物既能做到色彩关系协调、色调统一，又能具备丰富而写实的变化，使之在画面中变得真实可感（图3.14～图3.16）。

图3.11 植物的色彩由固有色、环境色、
光源色组成（学生作品，作者：郑洁）

图3.12 学生作品，作者：徐锴

图3.13 植物在光源色和环境色的影响下，其色
彩显得较为丰富（学生作品，作者：池晓媚）

图3.14 意向表现的植物（作者：邓蒲兵）

图3.15 学生作品，作者：徐锴

图3.16 真实可感的景观植物（学生作品，作者：池晓媚）

二、植物组合练习

植物组合练习是单体练习的进阶。在掌握好单体塑造技能的基础上，通过该阶段的练习，初学者能够掌握各种植物在画面中的配置方法、植物群的空间关系表现方法以及较为复杂画面层次的处理手法，学会熟练地控制植物群组的整体效果（图3.17）。

练习中常用的组合主要包括植物和植物的组合、植物和景石的组合（图3.18）植物和城市家具的组合等。植物的组合首要面对的问题就是画面的构图安排。在合理组织各植物关系的前提下，重点在于表现植物间的空间关系，再对植物的外部特征、整体关系和局部关系进行层层深入的塑造。刻画过程中始终应注意保持植物间明暗关系的合理以及空间层次的分明。

图3.17 植物组合练习是单体练习的进阶（作者：夏克梁）

（一）同一植物的组合

在相同类别的植物组合练习中，由于植物品种的单一而使得各单体的形态、色彩相近，基本特征也较为相似（图3.19、图3.20）。因此，这种练习应将重点放在空间关系的处理上，主要抓住植物间的交接面，依靠明暗的相互衬托将植物的前后位置交代清楚。与此同时，每棵树的塑造不应采用单一的手法做平均化处理，应根据主次关系的不同有所区别，在繁简、疏密、冷暖等方面做到合理组织，有序搭配，以保证画面节奏感和空间层次感的呈现（图3.21、图3.22）。

图3.18 植物和景石的组合（作者：夏克梁）

图3.19—1

图3.19—2

图3.19 学生作品，作者：徐锴

图3.20 相同类别植物的组合（学生作品，作者：沈佳燕）

图3.21 相同类别植物的组合通过色相、冷暖、纯度变化来表现其空间层次（学生作品，作者：陈璨）

图3.22 同一植物的组合（学生作品，作者：徐锴）

图3.23 三种以上植物的组合（作者：夏克梁）

（二）两三种植物的组合

在这种植物组合的练习中，每种植物都具有不同的外形特征。首先应根据各自的特点对它们进行合理搭配，获得协调而有变化的构图关系，然后从空间关系入手，依靠明暗衬托、形态对比和冷暖反差等手法对各种植物的体态特征进行表达，强调形体的差异性。在树立每件单体的个性时也需兼顾整体性，使画面至始至终保持较好的协调感（图3.23）。

（三）植物群组

在植物群组的练习中，所要面对的问题较为复杂多样。一方面要对各种不同类型植物的组合方式进行精心设计，在构图和空间关系上建立适当的秩序，确保组合后的整体美观性；另一方面也要考虑色彩的组织，让不同颜色的植物在统一的调性中呈现各自的特点。在这样的要求下，练习中既应该在形态关系的组织上确保均衡有序，组合后的植物做到"多而不杂，繁而不乱"，也应该在植物组团的空间形式上建立清晰的前后关系，从透视变化、形体对比等方面入手对其加以强化，并在色彩关系上合理运用同类色和对比色形成协调且不失对比的变化（图3.24）。

三、小品（小场景）练习

在这以一阶段的练习中，通过加入景观小品这一元素，使画面的丰富性又有所增加。除了表现好植物外，小品形态及与植物关系的塑造同样重要。初学者在本阶段应学会绿化组团和小品的搭配组合方法、小品及空间关系的表现方法和画面艺术处理的多种方法（图3.25）。

图3.24 植物群组（作者：夏克梁）

图3.25 景观小品（作者：常德元）

（一）以植物为主的空间小品

该练习与植物群组的练习要点大致相仿，对主体部分的绿化小品应重点刻画，在视觉份量上着力塑造，形成明确的视觉焦点（图3.26）。配景部分则根据画面需要分出前后层次，主景附近的部分也应适当加以塑造，远景的部分可简要概括地带过，中间的衔接部分应区分出多个层级，为画面建立细腻的空间层次（图3.27）。

图3.26 以植物为主的空间小品（学生作品，作者：翟敏）

图3.27 主次分明的植物空间小品（学生作品，作者：陈璨）

（二）以置石、水景为主的空间小品

这一类小品与绿化组合的练习较为常见，重点在于景石的造型、水体的动静态处理及与绿化关系的建立（图3.28）。景观置石、水体的选择应遵从于构图，或根据景石造型、水的流动之势选择可以突显此主体的构图形式（图3.29）。在画面构图基本确立的情况下，石头本身的形态、水体动式的刻画与石、树间映衬关系的经营便是练习的重点所在。就置石而言，除了对体积、空间做到客观的表现之外，对石头气质特征的把握也能使画面变得生动可感，灵活而有生气。在石与植物、植物与水、水与石的搭配关系上，则应注意"刚""柔""动""静"之间的合理转化。当石头数量较多、面积和密度较大时，应适当点缀花草组团软化与绿化过于坚硬的画面，使之富有弹性。而动态的水体在画面中所占的面积不宜过大，以免导致所表现的作品显得单薄和空灵，往往需要一定数量的石头和植物来搭配（图3.30）。无论以石头或水体为主的画面，植物都应有助于画面节奏的加强，在搭配中形成有益的补充与良性的过渡（图3.31）。

图3.28 以置石、水景为主的空间小品（作者：李明同）

图3.29 根据置石选择构图形式（作者：夏克梁）

图3.30 具有动态水景的景观小品（学生作品，作者：陈璨）

（三）以公共设施为主的空间小品

相比于前两阶段的练习，该练习中需要重点处理好两方面的问题，其一是单体公共设施的表现，其二是公共设施与绿化的搭配（图3.32）。公共设施一般都具有较为严谨的结构，形态比例关系也符合多数人的审美观，因此将其作为画面主体进行表现，角度选择的恰当性和透视关系的准确性就变得尤为重要。一旦在结构比例或是观看视角上出现明显的偏差，它便难以带给人协调的视觉感受。在完成好前两项工作的基础上，再按照设施的结构关系对其形体进行深入地塑造，并表现好材质、色彩、光影等方面的内容（图3.33）。

图3.31 植物在置石、水景空间小品中的作用（学生作品，作者：林晨辰）

图3.32 以公共设施为主的空间小品（作者：韦民）

图3.33 角度的恰当性和透视的准确性是表现空间小品的重要前提（作者：韦民）

　　在公共设施与绿化的搭配上，首先应注意画面的合理性，包括设施与绿化位置关系的合理、形体比例关系的合理等，然后从整体关系出发对空间的节奏、前后、疏密、主次等关系进行精心布局，使之符合构成画面协调性的各项要求。在后续的塑造中，则可以从画面氛围营造的要求出发，对各项画面关系进行有意识的强化（图3.34）。

图3.34 植物在空间小品中的合理搭配（作者：张权）

四、空间遐想练习

空间遐想练习是景观手绘表现练习中强化设计实践应用的训练环节。该阶段的练习是在选择固定的主体对象后，通过更改其所在的环境，使之成为不同的景观场景。例如，同一件构筑物可出现在公园、河滨、广场、湿地等不同的环境之中，周边配景应根据环境的特征做出相应的调整，并满足客观性和协调性。这种命题式的场景联想与组织练习培养的是与景观设计密切相关的空间场景的创造能力，在设计画面场景的同时也兼顾了环境氛围的表现。对于设计表现的实际应用而言，这种在三维维度中设计景观的方法可直接与设计方案的表现形成衔接，成为对方案进行推敲、完善与最终呈现的有效途径（图3.35）。

图3.35 景观场景（作者：李明同）

（一）以植物为母体的遐想

该练习以某一选定的植物为母体，在其保持不变的状态下，对周边配景的关系加以改动，设计出空间氛围不同的画面（图3.36）。在每一张新场景的练习中，植物与配景间都应形成和谐的构图关系，在画面的均衡性、空间与主次关系上都应充分顾及。色彩的表现结合空间关系形成统一的色调和有序的层次，以达到主体突出、整体协调、空间表达合理、画面具有表现力等要求。

这里以小木桥、灌木为例，展示它们在不同的配景组合下所形成的不同场景效果（图3.37～图3.39）。

图3.36 以植物为主的景观场景（作者：李明同）

图3.37 主体植物与配景植物、建筑之间的和谐关系（学生作品，作者：陈威韬）

图3.38 主次植物在画面中的均衡性、空间关系上都应充分顾及（学生作品，作者：白苗苗）

图3.39 植物的刻画程度决定着画面的空间关系（学生作品，作者：白苗苗）

（二）以亭子、桥为母体的遐想

该类别空间遐想的练习方式与植物部分大致相仿。初学者先收集亭、桥一类的设计素材，从中选出视觉角度、形态比例都较为理想的一件作为母体（图3.40）。表现中首先应做到透视、比例、结构的准确，在此基础上以该母体为表现视角，对周边的环境关系进行设计，使道路、绿化、水系、装饰小品等内容能够合理美观地存在于画面场景之中，与母体的形态、功能形成呼应，在系统上形成连贯性，构成客观而丰富的画面景象（图3.41）。

图3.40 以亭子为主的景观场景（学生作品，作者：董琪卉）

图3.41 以亭子为母体，对周边的环境关系进行设计（学生作品，作者：董琪卉）

　　这里分别以亭子与桥为例，展示它们在不同的配景组合下所形成的不同场景效果（图3.42～图3.51）。

图3.42 以亭子为主的景观场景之一（学生作品，作者：王芳芸）

图3.43 以亭子为主的景观场景之二（学生作品，作者：王芳芸）

图3.44 以亭子为主的景观场景之三（学生作品，作者：王芳芸）

图3.45 以亭子为主的景观场景之四（学生作品，作者：王芳芸）

图3.46 以亭子为主的景观场景之五（学生作品，作者：王芳芸）

14. 5. 8.

图3.47 以桥为主的景观场景之一（学生作品，作者：王宁丽）

图3.48 以桥为主的景观场景之二（学生作品，作者：王宁丽）

图3.49 以桥为主的景观场景之三（学生作品，作者：王宁丽）

图3.50 以桥为主的景观场景之四（学生作品，作者：王宁丽）

图3.51 以桥为主的景观场景之五（学生作品，作者：王宁丽）

第四章 景观手绘表现图
的实践运用

　　学习手绘表现，对于园林、景观等专业的学生来说，其最终目的还是在于运用，即表现所设计景观的空间场景效果（图4.1）。本阶段的训练以此为目标，让学生较为全面地掌握景观设计方案的手绘表现方法，锻炼较为复杂场景的设计表达应用能力，在方案设计与手绘表现之间形成顺畅的衔接。要达到这一目标，除了坚持日常的表现练习之外，还应做好以下工作。

图4.1 学习的最终目的在于表现所设计景观的空间场景效果（作者：李磊）

　　首先，应通过平日的积累，建立起个人的景观设计元素资料库（图4.2）。该资料库能使我们在表现时充分、快速地调用各类所需要的素材，提高工作效率。资料库所包含的内容以各类常用的景观元素为主，包括家具、铺装、人物、植物、建筑等素材，其中又以植物素材库最为重要。考虑到植物在绝大多数景观表现图中都占有较大比重，其资料种类、数量应较其他元素更为系统、丰富和全面（图4.3、图4.4）。

图4.2 景观元素资料集

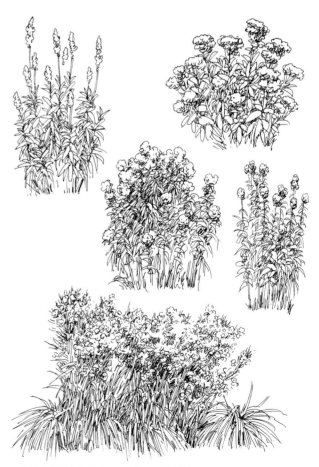

图4.3 钢笔植物元素之一（作者：夏克梁）　　　　　　图4.4 钢笔植物元素之二（作者：夏克梁）

因此，它既需按种类进行区分，也应根据表现手法的不同加以归类；植物的形态除了单棵的，也需要有组团式搭配的。这样，无论何种主体与题材的景观表现，我们都能简便、快速地选出适合的植物素材，营造理想的画面氛围（图4.5、图4.6）。

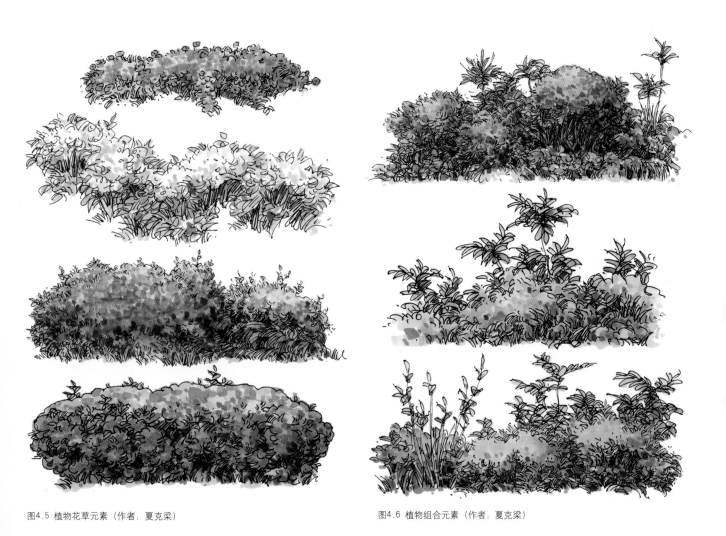

图4.5 植物花草元素（作者：夏克梁）　　　　　　　图4.6 植物组合元素（作者：夏克梁）

其次，要熟练掌握与运用透视原理和构图法则，使画面达到客观而理想的状态，这也是景观手绘表现图的基本能力与要求。景观手绘表现图的绘制，是一种想象与创作的过程。画面中，各类元素如何选择和放置，除配合设计本身外，还需根据画面构图的均衡、节奏、面积等基本法则以及近大远小的空间透视原理合理安排。在尊重客观现实的前提下，也可以适度地添加、舍弃或移动位置，进行艺术的再创造。只有处理好画面中的众多关系要素，才能够使表现的作品更加和谐、完整和完美（图4.7）。

图4.7 植物在画面中的安排、运用与处理（作者：李磊）

再者，要把握植物在画面中的作用，灵活地运用其衬托建筑、营造氛围、表现空间、提升画面艺术效果。在以建筑为主的景观表现图中，植物仅仅是作为配景起到衬托主体的作用，所以其在画面中的体量不宜过大、高度也不宜过高，以防削弱主体（图4.8）。在以园林为主题的景观表现图中，植物便成了画面中主要的内容，场景氛围需依靠不同的植物来营造，其组合应满足植物品种丰富多样、空间层次前后分明、竖向形态错落有致、色彩变化有序统一等要求（图4.9）。

图4.8 植物在画面中起到衬托建筑、营造氛围的作用（作者：耿庆雷）

图4.9 以植物为主要内容的空间场景（作者：李明同）

　　此外，在景观手绘表现图中，无论是以建筑（集群）还是以园林为主题的画面，都需要表现出空间的远近层次，植物在画面中的安排和处理对空间远近层次的表达有着极为重要的作用，具体落实到表现中则可通过色彩层次及刻画程度进行区分。如，近景的植物一般安排在画面比较显眼的位置，色彩往往比较丰富，刻画需要做到细致深入，重点是要描绘树枝和树冠的穿插关系，以此表现出树的通透性（图4.10）。

图4.10 近景植物重点在于描绘树枝和树冠的穿插关系（作者：田苗）

　　有些植物还需适当描绘出细节特征，让观者能辨认出植物的类别。近景植物有时也会根据需要设置在画面的某个角落，常选用轻松的风格加以表现，描绘时可适当画些单片的树叶和树枝的结构，色彩则常选用较为单一的深色，以表现树的逆光效果，增强画面的纵深感（图4.11）。中景植物的表现相对概括，可用有限的颜色表现树冠的明暗关系，表现时注重植物的形体特征和整体感，有时也可采用植物的通常画法，无需区分具体的种类（图4.12）。远景植物相对简单，可勾勒出其形状后再采用单色平涂法即可（图4.13）。植物在景观手绘表现图中的运用还需在实践中不断地进行尝试比较。只有从大量的案例中积累丰厚的经验，才能使植物在画面中的运用更加合理、自然、贴切。

图4.11 近景植物也可根据需要设置在画面的某个角落（作者：耿庆雷）

图4.12 中景植物的表现相对概括，用有限的颜色表现树冠的明暗关系（作者：田苗）

图4.13 远景植物相对简单，勾勒出其形状后再采用单色平涂法即可（作者：项微娜）

一、平面图、剖立面图、节点详图和意向草图的表达

(一)彩色平面图

平面图是景观设计中最为重要的图纸类型之一,它反映了各功能节点在设计范围内的布局状况,是设计师创作构思的基本反映,也是评判设计合理性的首要依据。彩色平面图较线性图纸更具美观性和识别性,因此成为目前设计方案表述阶段必备的项目内容(图4.14)。

与景观空间场景的手绘表现图相似,手绘彩色平面图在真实性上虽不及电脑,但对画面关系的灵活处理却是其优势所在。无论是方案构思阶段还是成果制作阶段,这种可随时对场景进行主观修饰的手段具有更高的成图效率,也能使平面图产生更为多变的面貌(图4.15)。

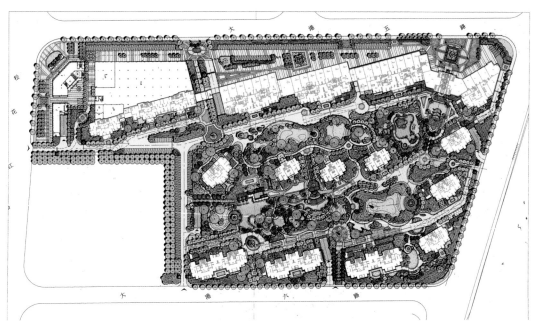

图4.14 景观设计平面图(作者:王宇翔)

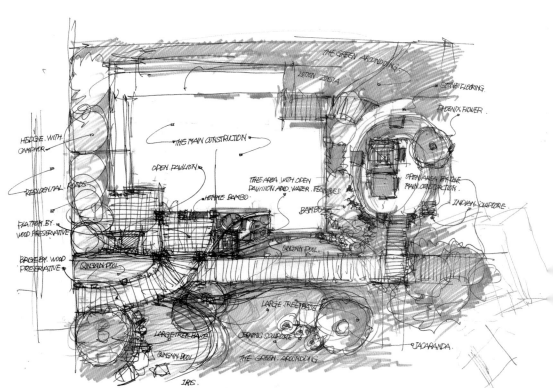

图4.15 方案构思阶段的手绘平面图(作者:刀晓峰)

彩色平面图的表现难度略低于场景效果图，在保持画面色彩丰富、色调统一的前提下，着重表达空间的高差关系。它需借助效果图的空间处理手法，以投影、明暗、色彩等关系的刻画强调出各景物不同的高低层次（图4.16）。如果所表现的场景范围较小，则需对地面的铺装进行较为细致的刻画，树木的种类也可加以细分。表现较大场景时可对画面中主要部分或是面积占有率较大的材质加以描绘，次要的或是面积较小的部分以概括的手法画出即可，无需面面俱到（图4.17）。

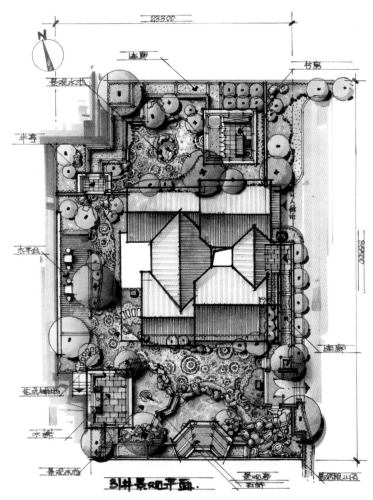

图4.16 通过投影表现出各景物不同的高低层次（作者：盖城宇）

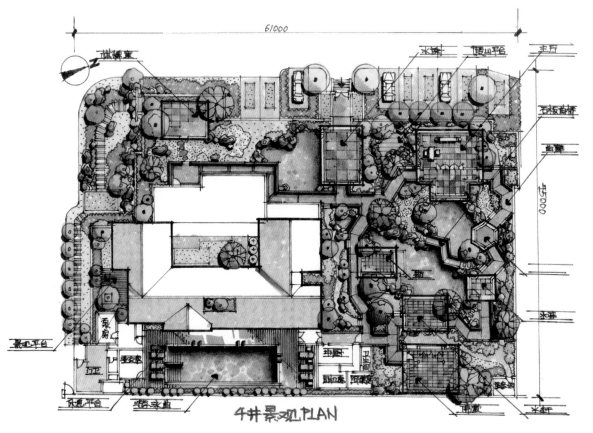

图4.17 场景较小的平面图，需要对地面铺装、植物配置等进行细致的刻画（作者：盖城宇）

（二）剖立面图

剖立面图也是景观设计中最为常见的图纸类型。它主要用于反映景观中各个部分的竖向关系（图4.18）。在制作设计文本时，为提高图纸的直观度与美观性，增加文本的丰富感，常以马克笔表现的形式对线性的剖面图纸加以润色（图4.19）。

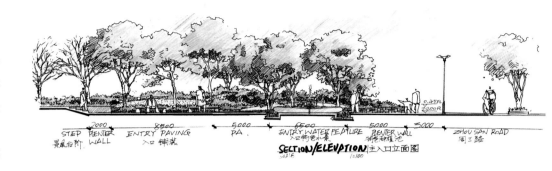

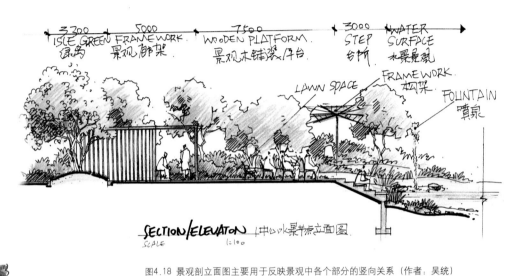

图4.18 景观剖立面图主要用于反映景观中各个部分的竖向关系（作者：吴统）

SIDE ELEVATION 假山 跌水 侧立面
SECTION 1:200

剖立面图中植物、构筑物等景观元素的表现方法与场景效果图中的基本相同（图4.20）。在保证画面关系正确合理的基础上，各构筑物、小品的样式、材质应尽量符合设计要求，植物种类也应做到与平面图严格对应（图4.21）。除此以外，画面的色彩关系应保持协调，可适当通过人物、交通工具等增加画面中各项内容的识别性，加强场景的生动感（图4.22）。

FRONT ELEVATION 假山 跌水 正立面
SECTION 1:200

图4.19 马克笔表现的剖立面图（作者：王宇翔）

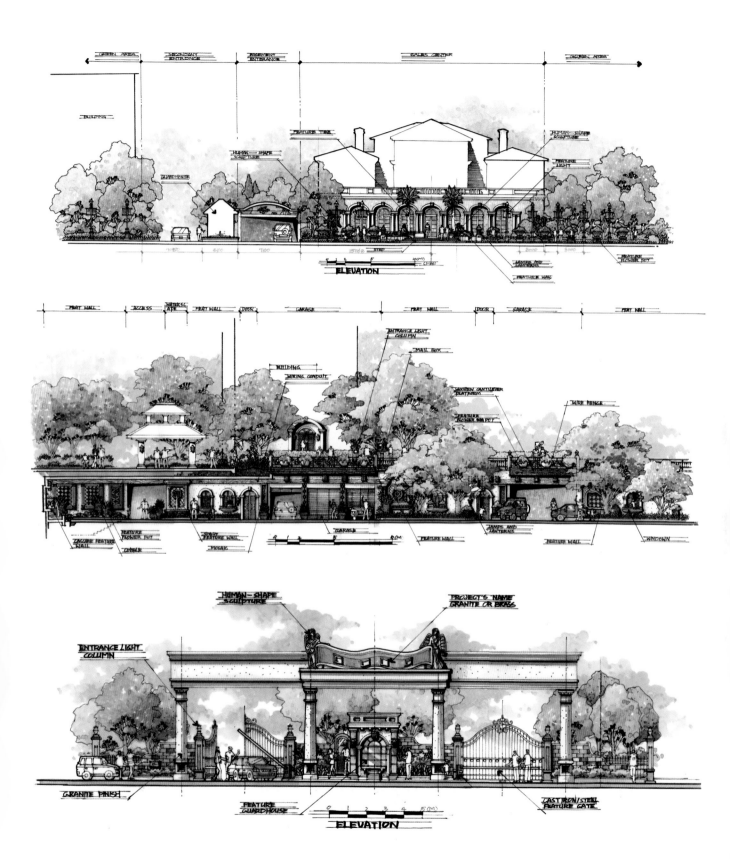

图4.20 剖立面图中植物、构筑物等景观元素的表现方法与场景效果图中的基本相同（作者：盖城宇）

人行步道
Promenade

叠水坝
Waterfall dam

水廊
Corridor on water

亲水平台
Waterside platform

3—3水坝立面（The elevation for dam）

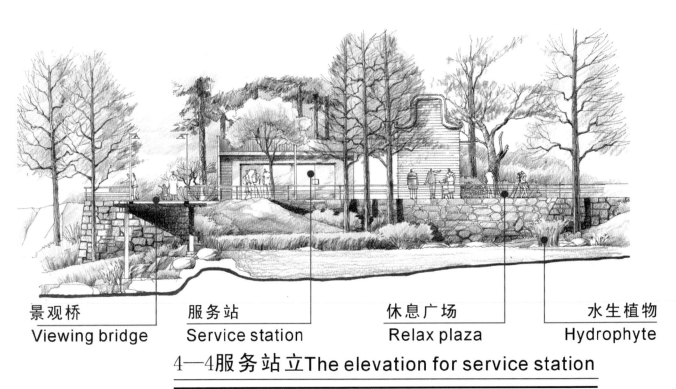

景观桥
Viewing bridge

服务站
Service station

休息广场
Relax plaza

水生植物
Hydrophyte

4—4服务站立The elevation for service station

图4.21 剖面图中的各构筑物、植物种类等应与平面图中的设计相对应（作者：杨杰）

图4.22 剖面图中可通过人物、交通工具等增加画面中各项内容的识别性和场景的生动感（作者：杨杰）

（三）节点详图

节点详图是景观设计中对某个节点具体做法的详细表述。它以施工图为基础，除展示该局部的主要尺寸、材质形态以外，也需对其构造工艺进行一定程度的表达。相比平面图，节点详图展示的面积普遍较小，细节的表达严谨丰富，对细部的推敲细致到位，因此为设计提供了最为直接而客观的参考依据（图4.23）。

严谨性、客观性作为节点详图的基本要求，决定了画面需具备较为细腻的表现风格，表现的内容应做到详尽、写实，画面中涉及的所有内容都应做到清晰、完整的展示（图4.24）。

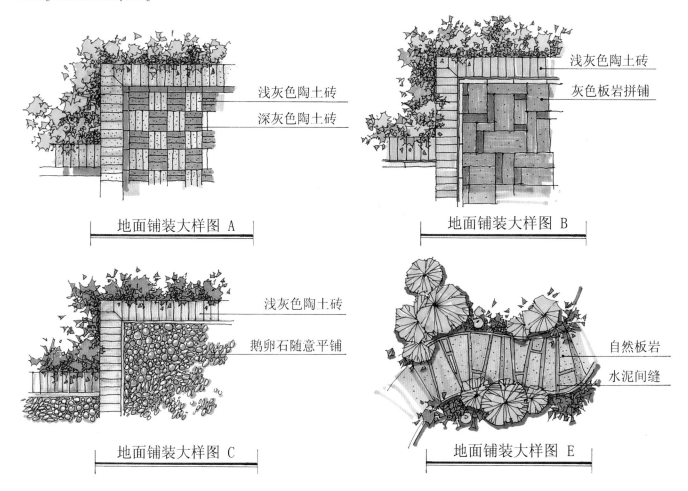

浅灰色陶土砖

深灰色陶土砖

地面铺装大样图 A

浅灰色陶土砖

灰色板岩拼铺

地面铺装大样图 B

浅灰色陶土砖

鹅卵石随意平铺

地面铺装大样图 C

自然板岩

水泥间缝

地面铺装大样图 E

图4.23 地面铺装详图（作者：李明同）

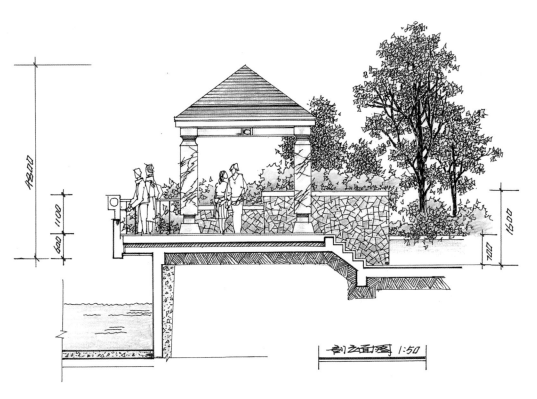

图4.24 节点详图中的内容要表达清晰、详尽（作者：李明同）

（四）意向草图

设计意向草图是设计师在方案设计阶段用于展示设计思考过程的快速手绘作品（图4.25）。它往往反映设计师在方案构思中的推导过程，是其对设计概念、局部细节等构想进行快速捕捉与呈现的最佳方式。在设计实践中，意向草图的主要功能是表达概念，因此无需在透视、构图等方面做太过细致的研究与比较，仅需凭作者当时的感觉，以最为简洁快速的方式表达即可。它有助于设计师提高手头的敏感度，使笔触与思维间形成快速衔接，培养快速传达设计概念的能力（图4.26）。

该项练习需要设计师建立敏锐的主观意识，在较短的时间内对设计构想的表达方式作出选择，然后以熟练的图像语言简练地说明问题。练习中既需要在时间上做好严格的控制，也需要在概念表达的准确性、图面关系的清晰性和协调性等方面提出要求，使这几点尽可能获得平衡（图4.27）。

图4.25 设计意向草图（作者：吴统）

图4.26 意向草图的主要功能是表达设计
概念（作者：曾海鹰）

图4.27 意向草图是以熟练的图像语言简
练地表达设计（作者：曾海鹰）

二、表现景观设计效果

　　表现景观设计效果是学习手绘表现的最终阶段。在完成前面几个阶段的学习，掌握手绘表现基本规律和技巧的基础之上，将二维的景观设计工程图纸转化为三维空间形态，用相对写实、深入的刻画方式直观地展现设计效果（图4.28）。这种创作性的表现一方面需要看清图纸，准确理解设计意图，对每一部分的表现内容做到心里有数，另一方面又需要对画面进行合理的组织布局，如选择角度、设计色调、组织配景等，这样即便在绘图的过程中没有范本参考，也可以做到得心应手，画出自己心目中理想的效果（图4.29）。

图4.28 用手绘的方式表达景观设计作品（作者：田苗）

图4.29 绘制景观手绘图时，必须要准确理解设计意图（作者：田苗）

景观设计方案效果图的绘制主要包括六个步骤：选择视角、勾画草图、描绘线稿、初步着色、深入塑造和调整完成。下面以马克笔为例，分别阐述各个步骤的技法要点（图4.30~图4.35）。

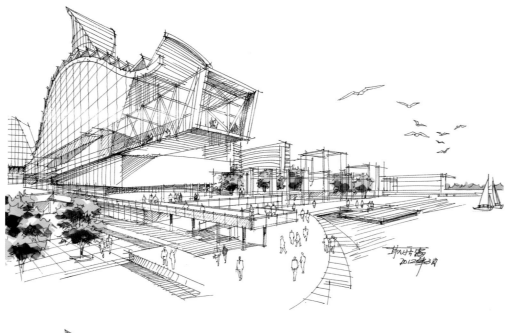

图4.30 步骤一（作者：耿庆雷）

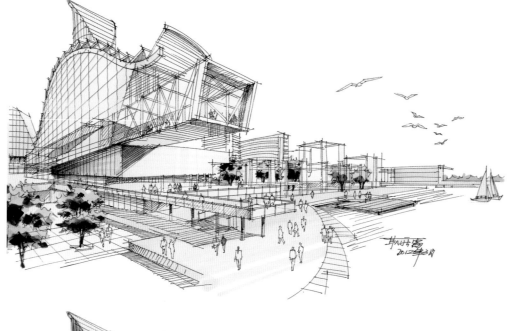

图4.31 步骤二（作者：耿庆雷）

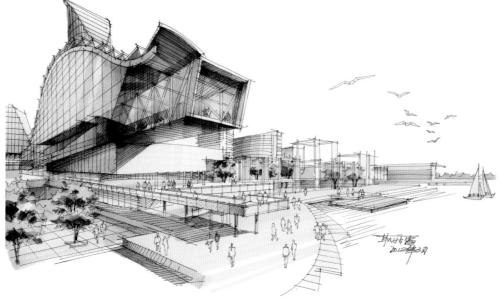

图4.32 步骤三（作者：耿庆雷）

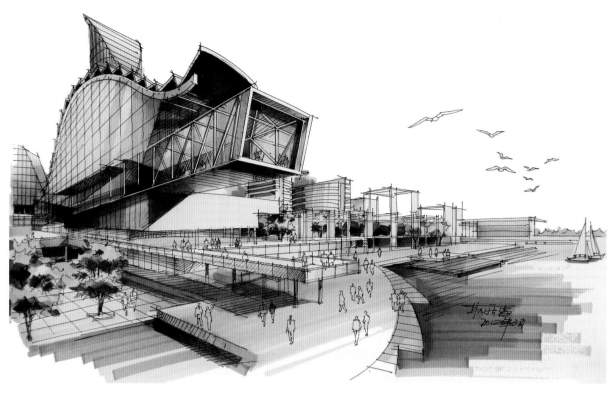

图4.33 步骤四（作者：耿庆雷）

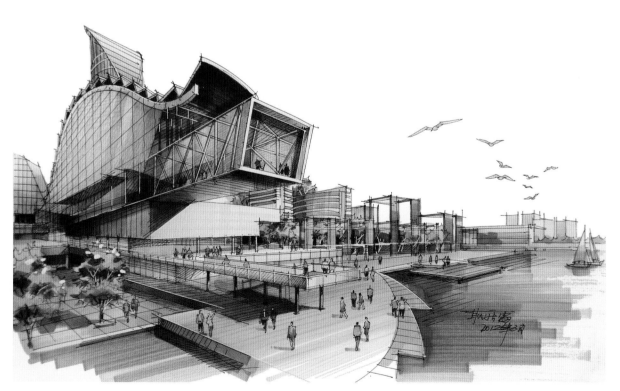

图4.34 步骤五（作者：耿庆雷）

图4.35 步骤六（作者：耿庆雷）

（一）选择视角

　　为景观设计方案选择一个合适的表现视角是手绘效果图绘制的首要步骤。一个恰当的角度不仅利于画面效果的表现，其呈现的理想构图关系也有助于设计语言的清晰表达与设计风格的良好展现。反之，再好的设计构想都无法清楚地传达给观者，别扭的视觉关系也会使设计效果大打折扣。因此，这一步在手绘表现的整体流程中极为关键（图4.36）。

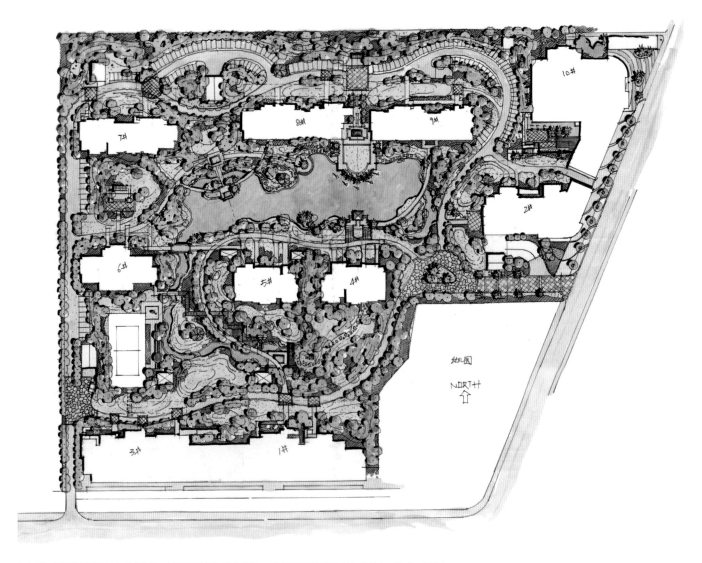

图4.36 绘制景观手绘图之前首先要对平面图进行细致的研究，寻找最能表现设计特点的视角（作者：吴统）

　　视角选择的标准一方面需根据设计师的设计意图来确定，即设计中最需要表现的内容是什么，它有何特点，如何尽可能通过视角形成的构图关系强化其视觉主导地位；另一方面则是根据画面构图的美观性原则进行衡量，即所选角度形成的画面框架构成能否传达出普适的美感，是否让人觉得赏心悦目。这两方面因素在视角选择的过程中都应兼顾（图4.37）。

　　选择视角是一个反复推敲与比较的过程。无论是初学者还是有一定经验的设计师，都很难在选择设计表现视角时一步到位。视点高低、前后及左右位置的微小移动都可能影响到效果与意图的呈现。因此，选择视角较为合适的方法是多视角构图综合比较，即根据设计师的想法先设定几个可以用于出图的角度，以较快的速度将它们的草图小稿分别勾画在一张图纸上，比较与判断各自的优劣，进而选出其中最为理想的一张作为最佳视角（图4.38）。

图4.37 视角的选择需根据设计的意图来确定（作者：夏克梁）

图4.38 视角的选择可通过勾画小稿进行比较，然后从中选择最为理想的一张（作者：夏克梁）

（二）勾画草图

确定了设计的最佳表现视角后，便可进行透视草图的勾画。此步骤是将抽象概念逐步具体化的过程，它为后面透视线稿的描绘打下基础，提供依据（图4.39）。这一步骤大致可包含以下几方面的内容：依照设计意图，通过认真研究与比较，确定画面内需要表现的具体内容及其空间位置、比例大小等；根据所要描绘的空间特征，进一步确定最佳的构图关系，充分考虑画面的正负形与主次关系；确定透视表现类型并绘出各景物大致的空间分布关系；根据场景的表现内容来确定画面色调。在对画面进行初步布局的同时，也需针对过程中画面出现的问题进行适度地调整，在反复的线条叠加中使画面做到空间透视准确、尺度得当、各景观元素比例合适、位置摆放合理、形体关系区分清晰明了（图4.40）。

图4.39 确定了设计的最佳表现视角后，便可进行透视草图的勾画和细化，为后续透视线稿的描绘打下基础和提供依据（作者：夏克梁）

图4.40 在勾画草图的同时，要使画面做到空间透视准确、尺度得当、形体关系区分清晰明了（作者：夏克梁）

（三）描绘线稿

钢笔稿阶段的表现是马克笔上色的前提和基础。它以线描为主要手法，在草图空间透视、表现元素基本确定的前提下，用比较严谨、规整的线条来对空间中的主要构成面、转折面、主体物及绿化的形态、质感、比例、空间位置等进行描绘，将粗放的草图转化为细致的线描稿（图4.41）。这个阶段要求用线果断、肯定，能在一定程度上表达不同物体的表面质感。排线时能做到整齐统一而不失变化，能顺应物体的结构转折和明暗变化。在景物关系的表现上尽量做到准确、到位，一方面需要组织画面中黑、白、灰的比例分配关系，另一方面需要分清主次关系，对重点对象、视觉中心进行较为全面地刻画，对次要对象采用概括性的画法，让画面在线稿阶段就能呈现出一定的层次感和准确性（图4.42）。

图4.41 用比较严谨、规整的线条表现景观场景（作者：耿庆雷）

图4.42 钢笔线稿的线条要果断、肯定，在一定程度上表达不同物体的表面质感（作者：耿庆雷）

（四）初步着色

在钢笔线描稿将画面的基本关系，如空间关系、比例关系、体积关系和质感明暗关系等表达完成的基础上，开始对场景内的空间界面和设施、植物进行初步上色。该阶段需用马克笔粗略地对物体的固有色、主要部分的明暗关系、色彩关系和光影关系进行区分，建立画面的大体明暗及色彩结构（图4.43）。在着色过程中始终要保持好画面的空间前后关系、整体明暗色块的分布和画面色调的统一，用色数量不宜多，无需追求过多的色彩变化，以固有色的表现为主，确保色彩的协调性。从空间表现的角度来说，竖向与水平向的关系要清楚地进行区分，不可含糊。各个界面上的前后关系也要适当进行表现。区分界面时，需牢牢抓住画面中主要的明暗交界线，对物体进行概括的刻画，用笔应做到整体。从设施、植物表现的角度来说，整体的明暗、色彩对比关系要呈现出来，虚实关系要有意识地进行区分。画面色彩不宜铺满，要保持一定的透气性，笔触排列整体有序（图4.44）。

图4.43 用马克笔粗略地对植物等前景部分进行着色（作者：耿庆雷）

图4.44 上色之初，用色数量不宜多，以固有色的表现为主，然后逐步丰富（作者：耿庆雷）

（五）深入塑造

在处理好整体场景色调，对各景观元素的明暗色彩大体关系调整到位之后，开始对画面中的重点对象（视觉中心）进行深入地塑造，其过程主要包括主体对象的细节刻画、明暗色彩层次的进一步加强、材质的细致描绘、光影关系的强调等（图4.45）。一方面，通过用笔和用色数量的增加，使画面内容逐渐丰富，明暗对比逐渐拉开，色彩变化有所增强，画面关系更加清晰；另一方面，加强对光影关系的刻画，尤其是暗部层次的增加，使画面的真实感和各部分间的联系性不断地加强。该阶段需严格注意用笔用色的严谨性，可适当地使用细腻的小笔触为场景中的物体添加细节，包括物体材质、局部构造和表面装饰纹理等内容的进一步表现，让画面传达的信息量大大增加，各种关系更为分明，视觉中心更为突出，精彩程度得到更大的提升。人物、交通工具等用于丰富和活跃空间气氛的元素也应有选择性地进行塑造，以起到画龙点睛、活跃场景气氛的作用（图4.46）。

图4.45 对画面细节的进一步刻画、明暗和色彩层次的进一步加强、光影关系的进一步强调等（作者：耿庆雷）

图4.46 在深入的过程中，可适当地用细腻的小笔触为场景中的物体添加细节（作者：耿庆雷）

（六）调整完成

在画面基本完成之后，最后还需要对画面的整体关系进行适当的调整，对于画面的整体空间感、色调、质感及主次关系再次进行梳理，从大效果入手修整画面，确保场景关系的清晰、有序与协调（图4.47）。如果前面的阶段对画面某些局部的塑造不甚理想，使画面的整体关系受到一定的影响甚至产生破坏性的话，也可以借助于其他辅助绘图手段来对这些局部进行修改，例如借助于电脑软件的修补，综合运用各类编辑工具将缺陷弥补掉，从而使画面的整体协调性得以增强。这些后期调整工作做完之后，景观手绘效果图的表现便全部完成了（图4.48）。

图4.47 最后一步需要对画面的整体关系进行适当的调整（作者：耿庆雷）

图4.48 调整要从画面的大效果入手，确保场景关系清晰、有序与协调的同时，还要注意画面的整体性（作者：耿庆雷）

附步骤图：图4.49～图4.56。

图4.49 步骤一，用钢笔线确定所要表现场景
的基本位置（作者：曾海鹰）

图4.50 步骤二，逐步深入，完成钢笔线稿
（作者：曾海鹰）

图4.51 用浅色画出画面色彩的大关系
（作者：曾海鹰）

图4.52 步骤四，逐步深入，直至完成
（作者：曾海鹰）

图4.53 步骤一，用钢笔线确定所要表现场景
的基本位置（作者：曾海鹰）

图4.54 步骤二，逐步深入，完成钢笔线稿
（作者：曾海鹰）

图4.55 用浅色画出画面色彩的大关系（作者：曾海鹰）

图4.56 步骤四，逐步深入，直至完成（作者：曾海鹰）

第五章 景观手绘表现
技法及作品欣赏

一、景观手绘表现技法的要点

以马克笔为主的手绘快速表现具有很强的规律性。只有在掌握表现规律的基础上，合理运用表现技法才能将马克笔的特性充分发挥出来，才能将空间、色彩、明暗、体积等效果表现到位（图5.1）。

图5.1 合理运用马克笔表现技法，将空间、色彩、明暗、体积等效果表现到位（作者：李磊）

（1）马克笔对画面内容的塑造是通过线条（笔触）排列的疏密关系和线条宽窄的变化组合来表现的。在明暗交界线的附近，用笔需做到整齐有序，严谨统一；随着物体界面的明暗渐变，笔触的排列逐渐由聚到分，由密变疏，线条的宽度由粗渐细，由直转斜，以非常概括的手法客观地反映物体表面受光的深浅变化（图5.2）。

（2）马克笔在刻画物体时为了能达到较为精致的效果，产生较为细腻的变化，在用笔的方向上也有一定的讲究。笔触的走向和排列对塑造形体起到至关重要的作用。不同型号的马克笔，所画出的笔触造型也各不相同。一般来说，画面中的笔触排列应尽量做到有序整齐，用笔时，需根据物体的结构和透视方向进行着色（图5.3）。一般运用横形笔触表现地面的进深及物体的竖形立面，运用竖形笔触表现倒影及物体的横形立面，运用弧形笔触表现圆弧物体等。这样的用笔方式更易将物体的表面变化和各种细节刻画出来，产生丰富的层次感与柔和的过渡效果。

图5.2 马克笔笔触的排列一般由聚到分，由密变疏，线条的宽度由粗渐细，由直转斜（作者：李明同）

图5.3 马克笔笔触的排列应尽量做到有序整齐，用笔时，需根据物体的结构和透视方向进行着色（作者：耿庆雷）

　　（3）在马克笔用线（笔触）表现明暗关系的同时，通过颜色的叠加和变化表现画面的色彩关系。着色的基本要求是浅色铺底，逐渐加深，在赋色的顺序上应做到由浅入深，从亮到暗，这也是由马克笔的特性所决定的。若先画深色再画浅色，那样浅色的笔触易沾染深色的成分而把画面弄脏。在做色彩退晕和叠加的过程中，常选择同色系的马克笔色彩做渐变，冷暖倾向可做适当对比。某些局部的色彩对比也可少量采用互补色的叠加，以加强色彩的视觉冲击力（图5.4～图5.6）。

图5.4 浅色铺底（作者：曾海鹰）

图5.5 逐渐加深（作者：曾海鹰）

图5.6 深入刻画（作者：曾海鹰）

　　（4）使用马克笔表现空间关系时，应按照画面中距离远近的不同，在物体的明度、色彩纯度及冷暖倾向上有所区别。一般而言，物体的明度由远至近逐渐降低，色彩纯度逐步提高，色彩倾向由冷转暖。掌握这一基本规律，较易表现出正确的空间关系，也能使场景中各元素的组合关系显得协调自然（图5.7）。

图5.7 通过色彩的明度和色相变化拉开画面的空间层次（学生作品，作者：翟敏）

（5）在塑造画面的主次关系时，可运用不同的笔触排列达到预期的效果。表现主体时，笔触和色彩的变化可以较为灵活，对细节层次的塑造应显得丰富而统一，必要时可运用不同粗细的马克笔尖增加笔触形态的变化，以突出视觉中心。作为配景的景观元素根据远近关系的不同，采用不同程度的处理手法。离主体物较近的物体笔触和色彩仍需保持一定的丰富性，与主体形成自然的衔接。稍远处的景物笔触和色彩变化可适当减少，但对基本关系的塑造仍应完整。较远处的景物可运用概括的笔法快速地描绘，仅需保留简要的明暗、色彩关系。最远处的只需用寥寥数笔简单施以色彩即可（图5.8）。

图5.8 通过对物体刻画的深入程度拉开画面的空间层次（学生作品，作者：翟敏）

二、学习景观手绘表现图的常见问题

（一）问题一：急功近利心态

许多学生在刚开始学习时，往往存在急功近利的心态，看到老师的作品或其他优秀范例就急于模仿，想通过有限的课堂时间迅速将表现技巧提升到某一高度。这种做法违背了学习的客观规律。课堂教学仅仅是传授一种正确的学习方法、一些绘图的技巧和画面处理的规律等。每位学生还必须利用大量的课余时间坚持训练，才可练就熟练的绘图技巧和把握画面的能力，才能在面对任何表现题材时都做到得心应手。只要有耐心，潜心研究，不断总结，就会探索出适合自己的表现手法，逐步到达自己心中的高点（图5.9、图5.10）。

图5.9 构图略欠饱满（学生作品，作者：芑芳芷）

图5.10 学生作品，作者：芑芳芷，夏克梁修改

（二）问题二：缺少应变能力

临绘图片是学习手绘表现图不可缺少的环节，在此过程中，许多学生较易受到临绘作品的主导，一味简单地再现图中的景物而使得画面平淡并缺少层次。导致该问题产生的主要原因是把临绘等同于简单的复制，对画面缺乏主动的思考，没有树立主观处理画面的意识，缺少主观概括、取舍、添加等应变能力。学生可以从课余大量的写生练习中锻炼概括取舍的能力，从中获取合理处理画面的经验，从而使景观场景表现能够符合作者的主观意图，也使画面更具艺术性（图5.11、图5.12）。

图5.11 水体的安排过于直白，缺少变化（学生作品，作者：程金红）

图5.12 学生作品，作者：程金红，夏克梁修改

（三）问题三：孤立地看待物体

景观手绘表现图的画面一般由某一主体与相应的配套单体组合而成。在绘制过程中，要以整体的眼光分析和看待物体，即将表现主体放入画面整体关系表现的要求中去考虑，以保证画面效果的完整性、合理性与协调性。许多学生在学习中缺少联系性的作画意识，往往只看树木而忽视森林，将每一个元素都看作一个独立的单元进行刻画，孤立地处理物体关系。其造成的结果是每件物体的塑造都很完整，但组合在一起却因为缺少相互的关系，如环境色的影响、形体间的明暗衬托、对比强弱的变化等而使画面变得简单化、平面化，整体关系因缺失自然感和关联性而显得生硬（图5.13、图5.14）。

因此，要培养用全面的眼光控制画面的意识和习惯，在完成单体塑造的同时兼顾物体间关系的处理，从全局的角度对明暗、色彩关系进行组织，使场景中各元素凝聚成一个整体，形成较高的视觉协调性。

图5.13　亭子的色彩在画面中显得较为孤立，植物色彩略显苍白（学生作品，作者：翟敏）

图5.14　学生作品，作者：翟敏，夏克梁修改

（四）问题四：构图平淡、主题不明确

一张具有感染力的景观手绘表现图，首先要有合理的构图安排，以确保画面的美观性、设计意图表达的准确性和清晰性；其次要有较强烈的明暗对比，以确保画面空间关系的合理性；再者是画面中必须要有明确的趣味中心，以形成视觉焦点，从而体现画面的主题，传递作者的思想，吸引观者的视线。多数学生在绘制手绘图的过程中，往往将画面中的物体安排得零乱或平淡，导致画面中心、主体不突出，或是画面的重心设置不稳。不考虑画面的节奏、韵律等变化，容易使画面不是显得呆板就是失去均衡感（图5.15）。

解决该问题，需要在落笔前明确该设计表现所要达到的目的，即要将设计的哪一部分展示给观者，空间关系、节点形态、环境氛围或是整体面貌。有了清晰的定位后，再以此为核心依据，根据构图的美观性原则选取适合的角度并组织画面，形成中心突出、意图鲜明、场景完整、协调美观的场景，从而引导后续表现的顺利开展（图5.16）。

图5.15 亭子的表现过于倾斜，远景缺少层次，前景登步渲染得过暗（学生作品，作者：李翔翔）

图5.16 学生作品，作者：李翔翔，夏克梁修改

（五）问题五：缺少和谐统一的色彩关系

　　色彩能使人产生联想，会使人的情绪产生兴奋、激动、低落等反应。学生因缺少绘图经验和日常生活体验，所绘制的颜色往往出现概念化倾向，误以为色彩丰富就是让鲜艳的色彩到处出现，这样便造成画面颜色孤立，缺少联系，并导致色调不统一。色彩绘制的另一个常见问题就是，画面的素描关系和色彩关系没有很好地统一，彼此孤立地存在。有的学生只注意画面的素描关系，而忽略了画面的色彩变化，将色彩画成"有色的素描"，画面显得单调、平板。有的学生只注重画面的色彩变化，而忽略了明暗关系，画面就会缺少进深感和空间感。绘图中如果忽视其中一种关系的塑造，场景都会显得不够真实，有违于人们的日常认知（图5.17）。

　　解决该问题，需要加强对色彩的认识，对色彩关系的组织做一定的研究，明确色彩变化产生的普遍原因和一般规律，尽可能在铺设大色块时就控制好色调，在此基础上根据光源色、环境色和固有色增加色彩的种类，逐步丰富色彩层次，刻画出细腻的色彩变化。在此过程中特别要注意色彩的对比，包括明暗、冷暖，以色彩的特性塑造画面关系（图5.18）。

图5.17 构图不够饱满，刻画略显深入
（学生作品，作者：邱慧慧）

图5.18 学生作品，作者：邱慧慧，夏克梁修改

（六）问题六：光影关系不明确

　　光影使物体产生立体感，使色彩变得丰富。画面中缺少了光影，容易导致画面平面化，缺少空间层次感和物体的体量感。根据光影透视原理，投影浓淡及投射方向的正确表达，能够表明光源的强弱和方向。而光影的强调与否，决定着纵深感的强弱变化，也影响着画面视觉中心的位置。光影对比越强，物体越突出，越是吸引人的视线。对于平时缺少观察的学生，往往会忽略对光影的正确描绘，不是将投影朝向画得不一致，就是干脆不画投影，产生一些不符合实际的光影效果（图5.19）。

　　因此，在表现画面时，应该重视光影表达的作用，根据光线的实际效果对光影的方向、形态、强弱变化等进行描绘，强调光影的客观性和丰富性，有效利用其强化空间关系，突出视觉中心，使画面更有冲击力（图5.20）。

图5.19 前景刻画欠深入，投影不够明确
（学生作品，作者：姚莉莉）

图5.20 学生作品，作者：姚莉莉，夏克梁修改

（七）问题七：表现技巧不到位

　　表现技巧常常影响观者对画面的第一印象，也会在一定程度上决定作品效果是否理想。画面的黑、白、灰关系、笔触的组织、虚实处理等，构成了重要的视觉感知要素。缺少黑、白、灰的明暗对比，画面会产生"乌""苍白""粉"的感觉。笔触的排列缺少秩序性，会使画面产生"散乱"的感觉。缺少虚实变化的处理，会使画面产生"过实""生硬"的感觉。这些都是初学者在学习开始阶段较难把握和解决的问题。因此，初学者必须通过大量的练习，从中学习正确的画面表现技巧，体会画面处理的基本规律，尤其是在上述三方面多加研究，提高技巧的合理性与适应性。在作图过程中学会自我发现及解决问题，在调整与改进中提升技巧应用能力（图5.21、图5.22）。

图5.21　画面色彩略显单一，画面的完整性不够（学生作品，作者：陈梦村）

图5.22　学生作品，作者：陈梦村，夏克梁修改

（八）问题八：画面缺少整体感

整体感是画面处理的终极目标，是衡量景观手绘表现图品质的主要依据。缺乏整体感的景观手绘表现图作品，其艺术品质必然不高。尽管组成画面的元素是一个个单体，但在同一幅画面中，它们都应该形成一个完整的体系，个体间总是存在不可分割的有机联系。整体离不开个体，个体不能离开整体而独立存在（图5.23）。

整体感的塑造离不开秩序感的建立。任何复杂的画面，只要在其中寻找到建立秩序的方式，都能够形成整体的效果。许多学生在绘制景观表现图时，常常会走向两个极端，一是将画面中物体的色彩和笔触表现得过于统一，导致画面单调、乏味，缺少变化。二是将画面中的物体表现得面面俱到，没有关注物体间的联系性。平均化处理是使作品产生繁琐细碎的主要原因，它使画面变得太"散"，直接影响了整体性的呈现（图5.24）。

要解决这个问题，必须认识到自然界是一个整体，一切事物是紧密相联的，在同一条件下，整体与局部之间必然是相互影响、相互作用、和谐统一的。学生应在这一原则的指导下，经常性地对画面进行整体观察，获取画面的整体感受，正确地把握整体与局部之间、局部与局部之间的呼应关系。在把握画面整体印象的同时，也要注意局部的细节刻画，并使其服从于整体。只有从整体到局部、再从局部到整体地对画面进行控制性调整，在统一中求变化，才能使画面既体现整体性，又不失局部的生动性（图5.25）。

图5.23 远景刻画过于简单，画面缺少整体感（学生作品，作者：莫剑尧）

图5.24 前景石头刻画得过于简陋，影响画面的整体性（学生作品，作者：莫剑尧）

135

图5.25 细节刻画尽管不是很到位，但画面的整体性还不错（学生作品，作者：吴佳丽）

图5.26 所学的表现技巧尽可能运用在设计表达中（学生作品，作者：陈梦村）

（九）问题九：学用脱节

学习景观手绘的直接目的就是在实践中能够表达设计思想、表现设计成果。而许多学生一味追求高层次的表现技巧，忽略了其在实践中应用的方式与方法（图5.26）。这种偏差导致学生在手绘练习时能够画出不错的作品，一旦进入设计实践环节，手绘便难以发挥作用。他们不知道如何将学到的技巧转化为有用的图纸，所画的图常常不知所谓，体现不出项目中原有的设计意图，效果的呈现也难如人意。如此一来，所学与所用间出现了断层，手绘在景观设计中的实用性便大大降低（图5.27）。

该问题需要通过手绘训练方式的转换加以解决。学生在学习中除了对技法的研究外，还应该从设计表达与效果展现的角度进行手绘的研究思考，以设计师思考问题的方式解决表达的目的性问题，建立合理的作图步骤，即研究设计目的、确定表现对象、推敲效果展示的最佳方式，并将构图、画面处理、视觉中心营造等技巧应用到画面效果的传达中。以这种方式进行手绘训练，课堂的"学"与实践的"用"之间便能形成相互关联，真正"学"以致"用"（图5.28）。

以上所述问题都是初学者在学习景观手绘过程中较常出现的，只要对它们加以重视，在学习过程中建立正确的观察及练习方法，就能避开弯路，提高学习效率，更好、更全面地掌握景观手绘表现技巧。

图5.27 手绘表达要注意体现项目中原有的设计意图（学生作品，作者：程金红）

图5.28 学习手绘应从设计表达与效果展现的角度多进行研究和思考（学生作品，作者：韩王芹）

三、优秀作品欣赏

（一）示范作品

　　这里所展示的示范作品无论从写实性上还是从艺术性上，都达到了较高水准。尽管它们在风格与表现手法上不尽相同，但每一张作品都具备了娴熟的技法和鲜明的特色，且具有很高的完整度，因此都值得推荐。通过观看、学习和临摹这些优秀的手绘表现图，读者定会受益匪浅（图5-29~图5-50）。

图5.29 作者：耿庆雷

图5.30 作者：耿庆雷

图5.31 作者：耿庆雷

图5.32 作者：耿庆雷

景观设计手绘教学与实践
Drawing Course for Landscape Design

图5.33 作者：耿庆雷

图5.34 作者：耿庆雷

140

图5.35 作者：耿庆雷

图5.36 作者：耿庆雷

图5.37 作者：李磊

图5.38 作者：李红伟

图5.39 作者：刘斯洲

图5.40 作者：刘斯洲

图5.41 作者：田苗

图5.42 作者：田苗

图5.43 作者：王宇翔

图5.44 作者：王宇翔

图5.45 作者：王宇翔

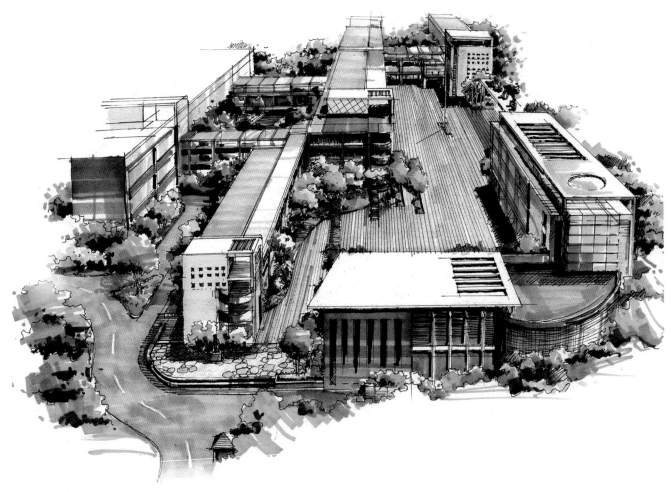

图5.46 作者：吴统

图5.47 作者：杨杰

图5.48　作者：杨杰

图5.49　作者：杨杰

图5.50 作者：杨杰

（二）优秀学生作品

图5.51～图5.64所选取的是中国美术学院艺术设计职业技术学院景观设计专业2011级学生高明飞的课堂作业。这些作品较为清晰地展示了该生在"景观手绘表现"课程中每一阶段的学习成果，从中可以了解学生从技能学习逐步过渡到实践运用的完整过程。

图5.65～图5.69所选取的是中国美术学院艺术设计职业技术学院景观设计专业历届学生在校期间的课堂作业。它们从不同层面反映了"景观手绘表现"课程的要求与特点，具有较好的代表性。

图5.51 第1阶段——单体植物钢笔表现（学生作品，作者：高明飞）

图5.52 第2阶段——单体植物马克笔表现（学生作品，作者：高明飞）

图5.53 第3阶段——简单植物、石头等组合的马克笔表现（学生作品，作者：高明飞）

图5.54 第4阶段——手绘表达运用（学生作品，作者：高明飞）

图5.55 第5阶段——绿化小品群组的马
克笔表现（学生作品，作者：高明飞）

153

图5.56 第6阶段——景观构筑物与绿化组团的场景表现1
（学生作品，作者：高明飞）

图5.57 第6阶段——景观构筑物与绿化组团的场景表现2
（学生作品，作者：高明飞）

图5.58 第7阶段——设计方案的手绘表达1
（学生作品，作者：高明飞）

图5.59 第7阶段——设计方案的手绘表达2
（学生作品，作者：高明飞）

图5.60 课程后续应用1（学生作品，作者：高明飞）

主入口作为小区的形象窗口，是彰显楼盘品质，对外交流的重要景观节点。
入口景观的设计利用了建筑风格元素，同时兼顾了不同年龄不同心理的人群。

图5.61 课程后续应用2（学生作品，作者：高明飞）

pavement characteristics and rest landscape profile 3.6 特色铺装及休息景观效果图

图5.62 课程后续应用3（学生作品，作者：高明飞）

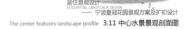

The center features landscape profile 3.11 中心水景景观剖面图

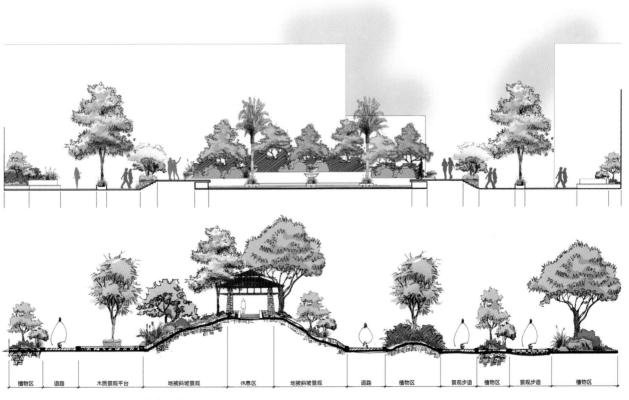

| 植物区 | 道路 | 木质景观平台 | 地被斜坡景观 | 休息区 | 地被斜坡景观 | 道路 | 植物区 | 景观步道 | 植物区 | 景观步道 | 植物区 |

图5.63 课程后续应用4（学生作品，作者：高明飞）

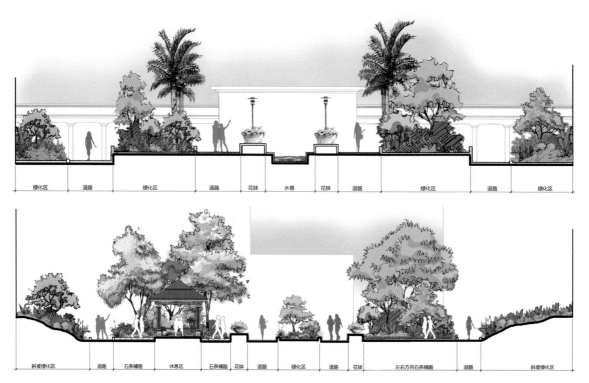

| 绿化区 | 道路 | 绿化区 | 道路 | 花钵 | 水景 | 花钵 | 道路 | 绿化区 | 道路 | 绿化区 |

| 斜坡绿化区 | 道路 | 石条铺路 | 休息区 | 石条铺路 | 花钵 | 道路 | 绿化区 | 道路 | 花钵 | 左右方向石条铺路 | 道路 | 斜坡绿化区 |

图5.64 课程后续应用5（学生作品，作者：高明飞）

图5.65 学生作品，作者：白苗苗

图5.66 学生作品，作者：冯琳

图5.67 学生作品，作者：程金红

图5.68 学生作
品，作者：吴桐

图5.69 学生作品，
作者：王芳芸

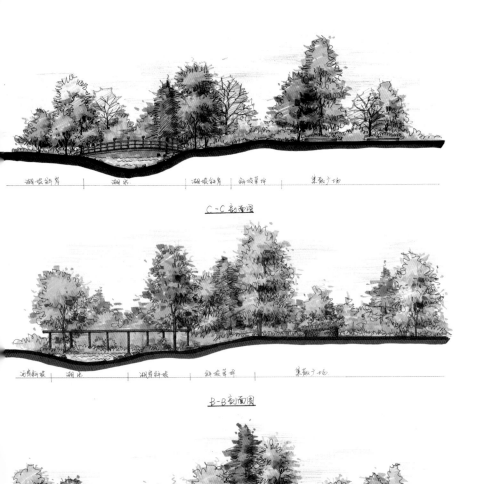

C-C 剖面图

B-B 剖面图

E-E 剖面图

图5.70 学生作品，作者：王宁丽

图5.71 学生作品，作者：王宁丽

图5.72 学生作品，作者：余青

图5.72 学生作品，作者：王宁丽

图5.73 学生作品，作者：余思娇

图5.74 学生作品，作者：翟敏

图5.75 学生作品，作者：周丽婷

图5.76 学生作品，作者：竺芳芷